这仅有一次的人生，我不想说抱歉

林夏萨摩——著

新世界出版社
NEW WORLD PRESS

在能通过努力改变故事结局的地方，

我们义无反顾地拼尽全力，

在即使拼命努力也注定是徒劳无功的地方，

我们放过自己就好。

北极没有企鹅，赤道没有雪，

方向错了，你多努力都没用。

人生的路很长，不必太为难自己。

女人的包，

不只是个拿来装东西、配衣服的装饰品那么简单，

尤其对都市女性而言，

包包更是她们的底气，装着她们的勋章和野心。

从来都不是用物定义人，

哪怕爱马仕限量版也不行。

无论你的包里装着多少野心和梦想，

它都不能替代你去完成，

你能依靠的只有你自己。

很多礼物，上天会绕个圈给你，

请耐心做好目前的事吧，

不要觉得人生无趣，上岸是迟早的，

潮水退去后一定会收获到你想要的那只贝壳。

高跟鞋是女人的武器，

它敲击地面的声音越是清脆响亮，

就越是步伐自信，这是一种随时释放的骄傲和笃定。

有时候，你真的不能低估蓬勃物欲带来的横扫千军的动力。

翻篇是一种很重要的能力。

总是抓着过去的事不放，

对那些受过的委屈和伤害耿耿于怀，

以及在那些根本无法改变的人和事上，

无谓消耗自己，

你的人生就会陷入死循环，

会对任何事都提不起兴趣。

可人不能总被困在过去，真正该学会的，

是自己从泥潭里走出来，从一次次失望中吸取教训。

勇敢放下过去的人，

生活会奖励他一个新的开始。

前言 preface

01/

一部作品就像作家的“孩子”。每一位作家都渴望给自己的“孩子”一个好归宿，我也并不例外。

这是我的第二本书出版五年后的全新修订，我很开心这个“孩子”脱胎换骨之后能和你见面。

过去几年，每个人的生活都发生了很多变化。有人毕业了，工作了；有人出国了，读研了；有人遇见心中所爱结婚了；有人厌倦了职场“内卷”去考公务员了；有人从一线城市逃离去追逐新的梦想了；有人从二三四线城市出发，迈向新的远方。你在成长变化，我亦如此，所以有了这本书里全新的话题和体会，与你分享。

02/

我经常会被读者问到的一个问题：“你是怎么成为作家的？我小

时候也有一个当作家的梦想。”

在开始的时候，我都会很真诚地分享自己的作家梦想、写作经历和出书过程。但后来，我发现这个问题有个基本的逻辑错误——作家不是成为的，作家都是写出来的。

所有的作家，都不是先拿到一个清晰的职业发展路径、拿着一本“作家指南”照着做的，他们都是怀揣着成为作家的理想，因热爱而书写，因热爱而坚持，才在后来平淡的日子里，“一不小心”成为作家的。福克纳、查尔斯·布可夫斯基、村上春树、巴金、鲁迅、余华……他们无一不是。

很多人在成为职业作家之前，都在做着一些跟写作相距甚远的事情。

福克纳当过邮递员，他喜欢在把杂志投递给客户之前，自己先读上一遍。

村上春树不喜欢受束缚和管制的上班打卡生活，大学还没读完就休学、结婚，借钱开了一家小酒吧，靠经营酒吧的收入生活，闲暇的时间用来听爵士乐、读书、写小说。

渡边淳一当了十年骨科医生。

余华在去文化馆工作之前，当了五年牙科医生，拔过一万颗牙。

就像鲁迅先生说过的，世上本没有路，走的人多了，也就变成了路。

就像一个编剧朋友说过的，很少有刚给故事的主角取完名字就看见了故事全貌的人，故事是自己长出来的，你写好开头就行了。

人生很多事，不是提前看到结果才去努力，而是做了才会有结果，坚持了才有可能拿到你最想要的结果。那些世人眼里功成名就的人，不过是对自己更笃定的人，更愿意相信自己的人，更愿意坚持梦想的人。

亲爱的，不论你有何种理想，想当作家，想成为某个领域的专家还是想当企业家，请告诉自己，一旦放飞，就别停下来。

请你一定要为自己坚持到底。每当孤单落寞时，每当心力不足想放弃时，请告诉自己，再走三步，三步就好了，前方一定有五彩斑斓的新世界，一定有得偿所愿的美好。

03/

我知道，追逐梦想的路很孤独。

孤独不在深山老林，不在没有 Wi-Fi（无线网络）覆盖的地方，孤独在喧闹的城市里，孤独在熙熙攘攘的人群中。

孤独是你独自远行时深深浅浅的脚印，孤独是你每一次饱含期待又狠狠落空的眼神，孤独是每一个你以为被了解却从未被了解的瞬间。

在这五光十色、充满诱惑的世间行走，做自己，从来都是一条孤勇的路。

我也在自己的路上，一路跌跌撞撞。

尽管我创作的时候很快乐，有种最纯粹的快乐，尽管我实现了当作家的理想，出版了几本书，文字被收录进很多本畅销合辑，可在我爸妈那里，我依然是个很不着调、不会为自己打算的人。

他们最关心的依然是我的终身大事，他们依然觉得我是个有问题的人，将来怎么办？

而这，就是所有年轻人面临的第一个困境——你还在做梦，还想追着梦想奔跑的时候，你的家人只希望你结婚、生子，安定下来。

如果你顺从社会约定俗成的大流，顺应父母的心意，矛盾是不是会少一点儿呢？

我的答案是——并不会。

早在我那些已婚生子的好朋友们跟我分享他们的婚姻琐碎之前，我就明白家事经理不好当，婆媳关系不好处理，育儿是件非常耗费心神的事情，结婚生子以后除了自转以外，你还得围绕着孩子和家人公转……

早在我知道诸如这些婚姻问题的细枝末节之前，我就明白人生没有“一劳永逸”这一说，无论你选择哪一条路，选择单身、晚婚，或者不婚，你都会面临新的困境，这是生命跟我们签的附加协议，你逃脱不掉的。

既然每一条路都没有它看起来那么美好、轻松，那我们为什么不对自己诚实，继续走自己最想走的路呢?

至于孤独，那是刻在我们骨子里的东西，与你是否单身无关。

孤独很好，好的孤独好于一切乏善可陈的陪伴，好于一切故作幸福的张扬。好的孤独能及时清理你思想河流淤积的泥沙，让你更通透、更轻盈地走更远的路。

孤独让进一步探秘大脑里的山川河流成为可能，孤独让我们成为更完整的自己。孤独简直太好了。

请别误会，我不想让你成为一座孤岛。

我只是期待，你能靠着自己的力量，在各种孤独当中自由穿梭，自得其乐，对生命馈赠给我们的一切都甘之如饴，包括但不局限于四下无人的夜、期待落空的瞬间、没能得偿所愿的爱情。

爱是一种能力。如果可以选择，去爱有血有肉的人吧！

去爱一个能让你心安、把心肝脾肺肾都踏实地装在你自己身体里的人，去爱一个不论拥有或失去，你都不用太费力的人，去爱一个心里有光的人。

contents // 目录

//

这仅有一次的

人生，

我不想说

抱歉

和自己没有约定，

就不知道明天飞翔的方向；

对世界没有承诺，

这一生就摇摆不定。

自由职业的本质是时间自主，而非时间自由

自由职业的本质是“时间自主”而非“时间自由”。
自由，是另一种意义上的枷锁。

自由职业者比普通的白领更需要“职业化精神”，
也许哪天你也想成为自由职业者了，
但在那之前，你得重新训练自己，
确保能管理好自己才行。

未来很长，自由很诱人，
你要做好充分的准备，去拥抱每一种可能。

//

01/

我在上海参加过一个心理学和戏剧结合的体验沙龙。

一场 10 个人左右，按照线下活动的惯例，主持人开场以后，到场的体验者要挨个做简短的自我介绍，一来便于互相熟悉，二来为后面的即兴戏剧做热场。主持人会从到场体验者的介绍中提炼出关键词和场景，作为第一轮小互动的灵感来源。

那天一起参与的体验者从事不同职业，有广告公司的客户经理、互联网公司的运营、人力资源管理、游乐场设计师、销售等。轮到我的时候，我简单说了句："大家好，我是林夏，以前是广告公司策划和互联网运营，目前自由职业，在家写小说。"

话音未落，便引发了一阵热烈的小讨论。

提到自由职业，大家的第一反应都是："好羡慕啊，那岂不是每天都很自由？"

"对啊，不用打卡也不用加班。"

"我以后也要做自由职业。"做互联网运营的小伙伴如是说。

我笑笑，没说话。

不用打卡就可以睡到自然醒；不用去公司就不用工作日挤地铁面对糟心的早高峰和晚高峰；不用坐办公室就不用处理复杂的人际关系，不用看领导脸色和开又臭又长的会，想干活的时候就干，不高兴的时候干脆躺平。

自由职业，乍一听确实很美丽。

尤其是这份自由职业再跟"作家"这个光鲜亮丽的词联系起来以后，就染上了更多的浪漫色彩。

在繁华的商业街中，坐在咖啡厅靠窗的座位，左边是抹茶拿铁和芝士蛋糕，右边摊开一本正在读的书，正中间摆着笔记本电脑，赶上灵感正盛，便指尖生风，噼里啪啦地在键盘上打字，累了倦了，便手托下巴发会儿呆，望着窗外的街景与路人，猜想他们的身份和人生经历。

上面描述的那种放松且惬意的状态很舒服，我过了半年左右那样的生活，那阵子真的就一个字——“爽”，真的很快乐，发自内心地快乐。

连做梦都是和周公一起云游四海。

但这种放松和惬意是有代价的，自由职业者能过上舒服日子的前提是，你得极出挑，极自律。

我成为自由职业者一年多后，因太过自由散漫、写作效率低下，被迫重新训练自己的“职业化水平”——每天在家里自己给自己开白板会，每天自我监督、自我评估，用自己制定的《工作守则》和效率 App 进行自我管理。

所以我特别想跟大家聊聊，“没有滤镜的、更为真实的”自由职业到底长什么样儿。

02/

关于自由职业，我要打碎的第一个滤镜，叫“时间自由”。

很多人天真地以为，自由职业就是自己当老板，想干就干，不想干就拉倒，时间很自由，想怎么安排就怎么安排。很抱歉，你想多了。

在这个物价飞涨、消费主义盛行的时代，绝对的“时间自由”

只有一种——“财富自由”。上班族时间不自由，是因为他们用出卖自己的时间进行劳动，从而换取了每月固定到账的酬劳和阶段性奖励——年终奖。自由职业者跟普通上班族相比，时间确实自由多了，每天有大把时间可以挥洒，用来追剧、刷视频、出去玩都可以，但这更意味着，没有老板会为你的时间“付费”了，极端一点说，在没有任何其他被动收入（如投资理财、收租等）的前提下，你的时间“不值钱”了。

那么问题来了，时间不值钱以后，每月固定的生活成本诸如房租、水电、吃饭、社交等还是要支出的，怎么办？看着存款越花越少，又没别的钱进账，很焦虑怎么办？

坦白地说，“时间自由，呼吸自由，玩得很爽”这个模板的“自由职业”生活，我只过了半年左右。

从第七个月开始，被现实打脸的我，被迫复盘，重新整顿生活。

像我，做自由职业以后，主要靠写书、写稿子、接软文等赚钱。

但商业软文和稿子（杂志、公众号等原创稿件）的活儿都不是每月固定有的，收入极其不稳定。

写书的话，在内容好、质量高的前提下，能卖不错的价钱，但问题又来了：第一，全职写作意味着“脱离职场”，你必然会损失掉一部分的社会体验、社会观察、素材来源和敏锐度；第二，你很难保证你的选题就一定能过，一定有出版社跟你签约，在签约出版这件事情上，选题方向、内容质量和人脉资源三者缺一不可；第三，没有经过职业化训练就贸然全职写作，效率往往很差，你很难持续、稳定地输出优质内容。

自由，是另一种意义上的枷锁。

我在“自由职业后能过上理想中的作家生活”这一美好蓝图幻灭以后，意识到“自由职业时间自由”的论断错得离谱，自由职业的本质是“时间自主”而非“时间自由”。

自由职业之后，你能自主掌控自己的时间，自己决定今天干什么，明天干什么，你能自主调整一个时间段内的工作强度和节奏，但你并不是自由的，你的时间依然不完全属于你自己。

因为“没活干就没钱花”，经济压力最终会把你逼到墙角，让你焦虑，迫使你进行更高效的工作，自由职业“时间自由”的前提只可能是“极为自律”。并且，自由职业对“人脉资源”和“工作效率”的要求都更高，不然你接不到活儿，更拿不到钱。

后来，我跟一个做职业编剧的朋友 Z 先生聊天，我说我的自由职业生涯到了瓶颈期，有点焦虑。

收入不稳定，写作效率低，连睡到自然醒都不香了，我问他当年是怎么过这一关的。

他说，他是职业编剧。在他看来，编剧是一门技术，技术就一定能卖钱，他们都是先签约再开始写，只要不出大的纰漏，一定有钱拿，所以经济上他没什么好焦虑的。

而且，他每天保持 2 小时的阅读量，固定写 3000 字，状态极好的时候，一天能写两万字，有活儿的时候就写剧本，没活儿的时候写写散文或小说，反正不让自己闲着，始终保持最佳状态。

我追问他："那你写不出来的时候咋办？"

他当时就笑了，"不存在的，你就是硬憋也得憋出几集剧本来，要是第二天开剧本讨论会的时候你还没写完，导致大家开天窗，导演和制片人杀了你的心都有。"

他们圈子里就有那种很喜欢拖稿、很能拖稿的编剧。

他有个编剧朋友是拖稿专业户，每次交不出剧本就瞎编理由，什么生病、做手术、前女友结婚去抢亲、出车祸的狗血理由都用过，连奶奶去世了的理由都用过，等制片人反应过来后破口大骂，"你奶奶都死了三次了，再不交稿我辞退你"，才算完事儿。

Z 先生也不是从一开始就这么自律，每次都能按时完成任务的，他也是被骂出来的，是通过"自我训练、强制自律"才做到的。

这段友好交流之后，我也开始了我的"自律训练"。

我从网上买了个 ins（一款社交软件）风的软磁白板（超大的冰箱贴，贴在冰箱上当工作备忘录用）、白板笔和 A3 的日历，每天给自己开白板会。

白板上，我分了两栏：左边一栏为日常事项，如"每天阅读 1 小时，坚持锻炼 30 分钟，听 30 分钟的 TED，每周见 1—2 个朋友，保持社交活跃度"等；右边一栏列上一段时间内的"工作目标和待办事项"，每完成一项，就划掉一项。

我将 A3 日历贴在了墙上，把重要的日子和"截止日期"都标记出来，在旁边贴上了贴纸。

此外，我还下载了一个效率管理的 App，每天在 ins 风白板和效率 App 上双重打卡，早上花 10 分钟给自己开会，晚上花 10 分钟做小结和复盘，其余时间实行弹性工作制。

“给自己开白板会”计划试运营 2 个月以后，我的工作效率提高了至少 3 倍，有稳定的产出，每次都能按时交作业的感觉很爽。

所以说，某健身 App 的口号真的很棒，“自律给我自由”是真的。

自由职业者能四处潇洒的前提是，在没有他人约束的情况下也能很好地自我管理，能在“放松自我”和“高效工作”之间自由切换。自由职业者比普通的白领更需要“职业化精神”。也许哪天你也想成为自由职业者了，但在那之前，你得重新训练自己，确保能管理好自己才行。

关于自由职业，我要打碎的第二个滤镜，叫“赚钱的姿势更舒服了”。

没有老板管，用技术换钱，钱多省心的活儿就接，不喜欢的客户就不搭理，不比打工舒坦多了？

“毕业两年，三年工作经验”的网络流行梗，形容的就是乔一的生活。

他在广告公司做平面设计，做了三年多，几乎每周都在加班赶图，加班加到年纪轻轻就开始掉头发，整天担心自己秃了怎么办，因此在网上买洗发水一定会加上关键词“防脱”；加班加到把同城恋谈成了异地恋，从大学就开始谈，谈了快五年的女朋友都被别人拐走了；天天坐在电脑前也没时间运动，体检报告提示他有脂肪肝的风险。可他才 25 岁啊。

他心一横，“老子不干了”，一冲动跟公司提了离职，裸辞后开启了自由职业的生活。

第一天很爽，第一周很爽，第一个月也很爽，第三个月交完下个季度的房租后，他很心疼。看着银行卡里所剩无几的余额，他焦虑了，兄弟找他出去泡吧，人均 150 元以上他就不想去了，自动放弃“带薪休假”的资格以后，他没那么多钱烧了。

据当事人事后总结，他成为自由职业者后最大的感悟是，“草率了。”

他以为，凭借他三年高强度的工作，积累了大量的设计作品，也认识了不少其他广告公司的朋友，总归每个月都能接到活儿，养活自己肯定没问题的。然而，理想很丰满，现实很骨感，现实打你脸的时候绝对不会心慈手软。

他是 4A 广告公司出来的，以往工作很卖力，设计功底不错，服务的客户也多是大品牌，在平面设计这块，他确实有点小资本。

可是，他之前没想过，以前上班有人专门负责接活，到他手上只要做执行，按照客户预期的标准交图交作业就行了，而轮到自己单干了，市面上僧多粥少，钱少苦逼的活儿没人接，但凡看上眼、预算还不错的活儿，大家都是抢着干的，而且，能放弃稳定收入选择自由职业，有这个底气的同行多半有几把刷子，自由职业市场上可谓八仙过海，各显神通。

于是，他只能身兼多职，既要当商务拓展，混圈子、搭建人脉，确保自己能经常接到活儿，又要保证设计水准地出图，必要时还得去给客户当苦力，做现场执行，他自我调侃道："简直当代男德典范——活好不黏人，一切客户说了算。"

一句话，想在自由职业这条路上走得更远，你得学更多的东西，始终对自己保持高要求，保持跟时代接轨。

03/

SOHO 的全称是 Small Office，Home Office，用以指代"小型办公室"和"居家办公"。

我们平常说的 SOHO 一族，一般指居家办公的自由职业者，比如作家、自由撰稿人、自由设计师、民宿体验师，等等。

我相信，未来伴随着国内经济的发展、产业的升级和细分、数字化办公平台的优化，以及 Z 世代（1995—2009 年出生的一代人）对"自我实现"的新理解、对"自由"的进一步渴求，一定会涌现出更多的 SOHO 族，更多的自由职业者。

没有人管、睡到自然醒、自主安排工作听起来很诱人，但在真的踏上自由职业这条道路之前，你得放弃一切都很美丽的幻想，像创业一样选好一条赛道，想明白你要用什么技能去“换钱”（商业的本质是价值交换，出售产品或服务，再把钱收到自己口袋里）；储备一定的缓冲期“弹药”（至少得准备 6 个月的生活费，确保自己躺平 6 个月，哪怕啥也不干都生活无忧、饿不死）；塑造更成熟、更职业化、更自律的“工作人格”，不管前几天玩得多嗨，有正经事要干、有作业要交的时候，能立马切换至“一级战备”状态（好了，我要专心搞事业搞工作了，手机、平板电脑、游戏机都离我远一点，天王老子来找我浪也不搭理），只有这样，你的自由职业这条路才可能走得通，走得远。

最后，我想引用乔布斯的一句话与君共勉：Stay hungry. Stay foolish（求知若饥，虚心若愚）。

未来一定会有很多职业工种会被智能机器人和程序化操作替代掉。有些当下已经看到趋势了，比如，很多商场、超市的收银员都被换成了自助的智能收银台；无人驾驶技术将来会取代很多司机；高速公路收费员会被机器取代；AI 换脸技术成熟后，艺人也并非那么无可取代；一部分程序员的职业寿命也可能更短了，因为编程机器人完全可以胜任他们的工作。

如果不想轮到你自己将来被淘汰，留给我们的只有两条路：

一条是你在某领域专业到极致，放大自己单位时间的劳动价值，把自己的单位时间卖一个更好的价钱。另一条是重新做职业规划，去选择那些更难以被机器取代的职业，比如，从事富有创造性的工作（如小说家、艺术家、独立音乐人）、非机械性的复杂的策略性工作（如执行官、经济分析师）、非重复性的善解人意且富有同理心的工作（如高级教师、医生、律师、心理咨询师），等等。

未来很长，自由很诱人，你要做好充分的准备，去拥抱每一种可能。

女人的包里，
藏着她的勋章和野心

女人的包，
不只是个拿来装东西、配衣服的装饰品那么简单，
尤其对都市女性而言，
包包是她们的底气，装着她们的勋章和野心。

从来都不是用物定义人，
哪怕爱马仕限量版也不行。

无论你的包里装着多少野心和梦想，它都不能替代你去完成，
你能依靠的只有你自己。

//

01/

女人和包包，似乎总有说不完的故事。

那时我刚工作没多久，在广告公司做策划，珍妮是我的顶头上司。

有一次，她带着我跟凯丽去某个重要客户的公司开会。客户公司位于上海市中心的一个高端写字楼，门禁严格。我们登记好信息

后，在大堂里等客户下来接。走在最前面的珍妮突然转身，用漫不经心又不容置疑的语气说："你们两个的包不行，下次开会背像样一点的包。"

我跟凯丽立刻面露尴尬，互相看了一眼后低头检查各自的包。

我背了一个小众设计师品牌的包，网上淘的，不到一千块，凯丽背了一个红色的普拉达（Prada）迷你包。领导的意思大抵是：我的包包看上去不值钱，上不了台面；凯丽虽然背了个普拉达，但款式小家子气，一点都不职业。

我们两个的包包仿佛在暗示客户：我们不够专业，不是出色的广告圈从业人员，都没能给自己置办个像样的、职业化的包。

珍妮当天背了一只黑金香奈儿，准确地说是香奈尔经典手袋（Chanel Classic Flap），看尺寸应当是中号，当然，她穿的也是香奈儿套装。

她雄赳赳气昂昂地带我们进了客户预约的会议室，跟客户开了一个无比顺利的会议，除了做会议记录和展示过往案例之外，我跟凯丽那天确实没发挥什么太大的作用。

那次过后，我把家里乱七八糟的包包都处理掉了，开始学着根据平常坐班、去客户公司开会、周末社交、与男友约会等不同场合搭配不同品牌、款式的包。

女人的包，不只是个拿来装东西、配衣服的装饰品那么简单，尤其对都市女性而言，包包是她们的底气，都市女人的包里，装着她们的勋章和野心。

02/

大部分影视作品在展现职场女性事业上崛起的时候，都会刻意用镜头语言突出女性包包的升级换代，她们赚得越多，包就越贵。

我刚毕业那会儿看《穿普拉达的女王》，觉得安妮·海瑟薇饰演的安迪很励志，她在时尚圈一步步逆袭的过程很振奋人心。

但用现在的眼光看，《穿普拉达的女王》和《北京女子图鉴》一样，都太脱离现实，女主角的励志形象全靠编剧金手指赐予。

安迪和陈可依两个人的奋斗经历都掺杂了太多水分，安迪无法代表曼哈顿的职业女性，陈可依也代表不了背井离乡、单枪匹马去北京打拼的女生，现实的生活远比她们经历的残酷。

从这点来看，珍妮比她们更值得我尊重。

从小镇走出来的珍妮，以前也经常背十几块钱的帆布袋，也不是从一开始就负担得起香奈儿的。从客户执行到客户总监，从月薪几千到年薪几十万加年底项目分成，她花了五六年的心血。

每天随身带着两三部手机，从来不敢关机；一年 365 天几乎全年无休，生病了硬撑着去公司安排工作、去客户那里提案是常有的事儿；作息和饮食都不规律，有严重的神经衰弱，肠胃不好，做过手术，脑子里每天大概有一百件事情在同时运转。

初入广告这行那几年，她的年假从来没休完过，多半是到期自动注销。

她的生活里工作永远排在第一位，没有贵人帮扶，全靠自己打拼。

没有帅哥和浪漫的约会，只有过几段无疾而终的感情。晚婚，但结婚后在上海买了房，生活总算稳定下来，这才有机会调养身体。尽管老板开口，如果身体没恢复可以再给她批一点假，可她还是生完孩子没多久就火速进公司恢复工作状态了。

没别的，怕位置被人顶了，她花了很多心血才打下的江山，不能拱手让人。

根据小道消息，珍妮每年的五月八号都会买包，那是她工作后第一次涨薪的日子。

她家的卧室壁橱里放着好几排包包，最便宜的几百块，最贵的几万块。每个包包都用防尘袋仔细地包裹着，每个防尘袋上都贴着一张长方形的标签，上面写着她购买包包的时间和只有她才看得懂的文字暗号。

即便有几个很便宜的包后来再也没背过，她还是会定期拿出去做护理。

这种仪式感来源于她对过往经历的尊重。

每个包里装过的东西，是她每个特定时期的勋章，提醒着她在事业上的野心，与她的每一段人生形成了一种奇妙的交相辉映。便利贴、5A 笔记本、迷你化妆包、笔记本电脑、心理学书籍、工商管理硕士证书、新房钥匙、便携吸奶器……

女人，一个包包记录一段故事、一段人生。

珍妮背过的每一个包，都像是她的华丽战袍，上面镶嵌着只有她自己才看得见、摸得着的荣誉勋章，见证过她深陷黑暗的泥沼，无力彷徨，也见证过她从泥泞里爬出，抖落尘土，走向荣耀，攀登事业上一个又一个高峰。

买包从奋斗动力变成了她的一种生活习惯。

不管是飞香港、日本、欧洲，还是美国，她总会买那么一两个包回来，她老公从不拦她，想拦也未必拦得住，毕竟买包的钱都是她自己赚的，并且都是在她的经济能力范围内的。

我们应该拒绝掉进消费主义的陷阱，拒绝盲目攀比，拒绝为了他人眼中虚无的符号意义去追逐奢侈品。所谓君子爱财，取之有道，用之有度。但物欲并不总是坏的，它在必要的时候催人奋进。与其勉强克制自己的灼心渴望，倒不如认真思考该用怎样的方式，合理地满足自己在物质层面的欲望。

想要香奈尔，凭借自己的实力去买，与眼巴巴地等着别人送，意义大不相同。

03/

Ada 是我一个朋友 S 所在的广告公司的客户经理，玲珑机敏，非常擅长对接客户，江湖传言几乎没有她搞不定的客户，就算是被竞争对手公司撬掉的客户，她也能再度挖回来。

她唯一的短板是英语底子不行，碰到国外客户有些吃力。当时 S 的公司有个预算很大的项目由 Ada 负责，竞标的节奏很紧凑，恰逢 Ada 的小助理辞职，她一时之间招不到合适的人。

我答应帮 S 的忙辅助 Ada，和她去客户公司做全英文提案。

客户的老大前面的会议还没开完，我们只好在会议室干等着。

一个很小的细节引起了我的注意，Ada 入座后先是把笔记本电脑摆在了会议室的桌子上，然后依次摆开名片、会议材料和笔，最后很随意地把她浅棕色的思琳秋千包扔在了椅子旁灰不溜秋、脏兮兮的地毯上，一丝丝怕弄脏包、心疼包的意思都没有。

那样的不经意真叫人心动啊。

哪怕这款包是很多女生梦寐以求的，对 Ada 来说也不过是个普通物件罢了。

我和 Ada 成了朋友后，对她的了解更进一步。

她不是不讲究，只是随性惯了。不会夸张到背着路易威登经典款手袋去菜场买菜，但用它装三明治早餐和豆浆是常有的操作；花了大价钱买的黑色连体阔腿裤，既能穿着去参加朋友公司的融资答谢晚宴，也能穿着跟我们一群人跑到乌鲁木齐中路，坐在街边喝啤酒、吃烧烤、闲聊；喜欢飞到东京逛中古店淘香奈儿的复古手表和耳环，淘宝上几十块钱买的珍珠耳环也戴得不亦乐乎，还经常让我推荐店铺。

Ada 身上有种与生俱来的随性洒脱，秉承“让物质止于物质”的生活哲学，不会因为一个物件花费了很高的价格，就被它捆绑住了，做事情束手束脚。

除却对待客户时的面面俱到，让人如沐春风，她对待物质的潇洒随性是我最欣赏的部分。我们两个人逛街，最大的乐趣在于逛犄角旮旯的小店，淘好看又便宜的耳环和帆布包。

04/

我总觉得，“女人嗜包如命”的说法是社交媒体对女性的一种污名化。

女性爱买包包、爱买口红的人设，离不开社交媒体的大肆渲染，这是社交媒体出于博人眼球、抢流量、倾向性的表达，也是社交媒体、一些网红和为了经济利益营销“包治百病”的时尚品牌、时尚杂志、消费平台完成的一场共谋。

这就误导了很多初入社会、价值观尚未健全、自己手里也没什么钱的小女生，让她们错误地以为，只要背上了各大奢侈品牌的包，穿一身大牌，就能在物欲横流里纵横驰骋，人生就会从此改变——青云直上，要风得风，要雨得雨。

这很离谱，根本本末倒置了。

衣服和包包，确实在某种程度上能彰显一个人的品位与经济实力，但从来都不是用物定义人，哪怕爱马仕限量版也不行。

说到底，包包只是一种道具，不论你有何种人生理想和事业上的野心，它都不能替你完成，你能依靠的只有你自己。

你的人生剧本，与包包无关，与他人无关。

没有谁能假装活得很好，
我们终要对自己坦白

日记的魅力在于停顿，
让你从仓促庸碌的生活中停顿下来；
在于反思，而善于反思是沉稳成熟的开始；
在于期许，你会写下许多昨日惆怅，亦会写下许多明日期待。

肉身走太快了，容易迷路，你要等灵魂跟上来，才能走更远的路。

//

01/

在上海，下雨天的晚高峰尤其难打车。

等了 15 分钟，我打的车才姗姗来迟，上了车没开出几步就又堵在高架桥上，如果不是忙了一整天太疲惫，我肯定乖乖去挤地铁了。坐在出租车后排，靠着车玻璃，望着外面焦灼的车流和依然妖娆的霓虹灯，心头突然涌出一股子沉重来。

生活像一场盛大华丽的木偶戏，我们在台上卖力演出，台下坐着稀稀拉拉的观众，虽偶有喝彩，也为那些喝彩而欣喜，但绳子却始终攥在别人手里。

上半年没完成的 KPI（关键绩效指标）井喷式袭来，默契地挤到了同一个月份，杀得我措手不及。

班主任给我发了法学课期末考试准考证，离考试还有一周，我一页书没复习，着急上火。

32 封待处理邮件，600 多条未读微信。

无论是白天清醒自持，还是晚上路过熟悉的餐厅，联想到某个人时，还是一阵心疼。

整个 6 月，我过得兵荒马乱。

夜半失眠爬起来刷微博，刚好滑到“累丑”这个话题，我承认，我被这个话题狠狠内涵到了。

岁月不一定催人老，但连轴转地熬夜工作、情绪堆积、压力爆炸，一定能催人形容枯槁。

洗完澡，裹着浴巾吹头发的我，猛然被镜子里憔悴的容颜吓到了，当即用意念喊了一声“停”。

不能再这样瞎折腾了，我得赶快恢复生活的正常秩序，而我用来重整旗鼓的第一个尝试是写日记。

一天、两天、三天，有时简单记录生活，有时情绪汹涌，洋洋洒洒写满好几页，有时为了纪念某个特别的瞬间，有时写下自己做得不够好的地方好好反思。

写到第十一天，生活忽然如德芙巧克力般丝滑起来。

很多惆怅纠结细碎的小情绪，在落笔的瞬间挥发掉了。

行为心理学告诉我们，养成一个好习惯需要 21 天那么长，但写日记让余生变好只需要从落笔开始。

02/

我从读中学时养成了写日记的习惯，从小到大写满的日记本有十几本。

偶尔，翻从前的日记，看着那些龙飞凤舞的字迹，大脑会自发地演起内心戏。

“咦，你当时竟然这样想？你还喜欢过那个人？原来你跟她那时关系那么好，然而……”

看从前的日记时，我常常有那时很傻很单纯、很叛逆、很忧郁、太想做出点事情、给自己太多压力了的感慨。

每次读完从前的日记，我都会对生活、对人生、对未来生出新的念想来。

像复习了一遍自己的青春。

这几年因为忙于工作的缘故，我很久没动笔写了，思绪与生活也都混沌起来。

今年恢复每晚睡前写日记的习惯以后，我重新安顿好了自己的生活。

改掉了乱花钱的毛病（我把写日记和记账 App 两者结合起来

了）；提高了精力管理的能力，工作效率变高；完全摒弃了无效社交，更能直面自己的情感状态，更加确信：爱是一种能量，唯有内心富饶充盈的人才有能力去爱别人，如果自己状态不好，那遇到的恋爱对象往往也不会是对的人。

写日记为什么会有那么大的魔力呢？

我觉得写日记是一种疗愈性创作，是一种安全、不用防备的情绪流淌和自我剖析。

从你坐在书桌前，摊开日记本开始，从第一句到最后一句，从随意的开头到渐入佳境，大脑如同被什么东西神奇地牵引着，让你源源不断地倾倒压力、烦恼、焦虑、不安等情绪垃圾，每一步都在帮你缓解压力、直面生活、调整心态，甚至解决问题。

日记如同你最贴心、嘴巴最严的好朋友。

它的魅力在于停顿，让你从仓促庸碌的生活中停顿下来；在于反思，而善于反思是沉稳成熟的开始；在于期许，你会写下许多昨日惆怅，亦会写下许多明日期待；在于留白，一览无余的白纸不叫留白，白纸上有线条勾勒晕染的画面之余还有空间，那个才叫留白，而留白令人着迷。

肉身走太快了，容易迷路，你要等灵魂跟上来，才能走更远的路。

城市里工作压力太大了，生活节奏太快了，很多时候，大家只是麻木地做各种事情，经常忘记停下来，忘记听自己心底的声音，听听自己最想要的到底是什么。

顶着烈日坐在大石头上舔正在融化的雪糕，能开心一整个下午；放假前，在走廊上跟暗恋的人迎面相遇，他一手抱着篮球，一手做出假装拥抱的动作后，摸了摸你的头，整个暑假变得余韵悠长；牵着喜欢的人，在暴雨里狂奔，嘴角一路上扬，丝毫不在意新买的白色连衣裙被泥水染成烟灰色；第一次工资涨了 1000 块，你看了眼菜单，今天不用抠抠搜搜点套餐了，要把喜欢吃的菜都挨个点一遍；过年，车票未买，归期未定，家里打电话过来催问归期，问你想吃什么菜好开始张罗；等等。

我们也曾拥有和珍视那样单纯的快乐，但走着走着却忘了，弄丢了。弄丢了咀嚼那些快乐的心境。写日记，像清风明月下的对话谈心，能让你在庸碌迷失中直面内心与生活，找回自己的信念感。

我总觉得，每个人都需要信念感，有了信念感，才会忙中有序；有了信念感，许多当下让你很痛苦的瞬间、很痛苦的坚持，都能变得意义深远。

03/

城市里潜在的抑郁症患者很多。

有人因为当过很长时间的留守儿童，童年时期的情感缺失造成了人格上的不健全，没办法处理好两性关系；有人一直走不出被前任伤害的心理阴影，又不断地陷入糟糕混乱的恋爱里，把生活搞得一团糟；有人因为婚姻不幸又没能离成婚，整日活在痛苦中。

我跟一个做心理咨询的朋友王博士交流过，她说，很多人都是憋到最后扛不住了才去做心理咨询，才肯去看精神科医生的，但往往到那个时候已经有点晚了。

很多人不知道，心理咨询师不是万能的，他们也只能起到引导和疏通的作用。

每次做心理疏导（当然，精神治疗除外），都不是靠咨询师简单给出建议就能解决问题的。咨询师发挥作用的前提是，来访者愿意放下戒备，愿意配合，愿意主动进行自我发现和自我救助。

心理咨询师提供的只是一个吐露心声的好窗口，问题的最终解决，要依靠来访者的自我心理调节。

从这个角度来说，写日记是非常好的自我救助和精神充电。

每个人内心深处都是渴望被爱、被关心的，但这种被爱和被关心并不总能得到满足。

而写日记能让人跳出“自我”的牢笼，进入一种自然的、放松的状态，从一个相对客观的“观察者视角”去记录生活，记录情绪，再进一步分析事件和行为，发现那些因陷入生活琐碎中而忽略的美好画面，找到精神和情感上遗失的“拼图”，弥补因情感缺失造成的困扰和疼痛。

悲伤的情绪是无可回避的，但文字有天然的奇效。

苏珊·福沃德博士在《原生家庭：如何修补自己的性格缺陷》一书中，就曾建议那些被原生家庭毒害过的人，通过给父母写信的方式自我疗愈，不再因童年受到的伤害负重前行。

04/

通过写日记，我们还能解决很多实际问题。很简单，就三步。

第一步，陈述与回顾。

记录当下的现状，描述问题的症结，表达自己内心真实的感受。

第二步，客观分析问题。

不要被情绪妖怪蛊惑，也不要刻意去美化人性中的阴暗面，要像一个冷静客观的旁观者那样冷静分析。

第三步，提出解决问题的办法。

自己当自己的人生导师，提出方案，解决问题。

写日记的底层逻辑跟联想集团的“复盘哲学”有异曲同工之妙，离不开回顾与反思。

复盘本是围棋术语，意思是在下完一盘棋以后，要重新摆一遍，看看哪里下得好，哪里下得不好，再分别进行分析与推演。2001年左右，有人将复盘引入经营与管理之中，极大地提高了组织能力和运行效率，后来该方法被广泛推崇。

JoJo 是复盘哲学的深度践行者。

印象中 JoJo 是个寡言少语、不喜社交的人，可有次加完班一起喝酒，她跟我聊了很多。

她说，其实高冷是她的保护壳，她是靠着高冷这层弱小的保护壳才一步步走到现在的。

她很小的时候，父母就离异了，她是在奶奶跟前长大的。父母各自有了家庭以后，联络就更少了。爸妈有时会相互推诿她的学费、生活费，小时候，每次开学前，她都异常沉默乖巧，她很害怕没人打钱过来，怕没钱去学校报到。

她知道除了奶奶以外，她无人可依，所以她一直很努力地学习。她虽然刻苦，但天资一般，高三那年她拼尽全力也只考上了很普通的大学。

毕业刚来上海的时候，她拿着每月两三千的工资，日子一直过得很落魄。

后来，她在公司的某次内部培训上第一次听到复盘这套方法论，如醍醐灌顶。

她立马从网上下单，买了一个精致的 A5 笔记本。她把每一页都用一条竖线分成了两半，一半写生活反思，一半写工作反思，每天写，一天不落下。

慢慢地，她写完了 5 本 A5 笔记本。

在复盘理念的陪伴下，她每天进步一点点，从推开生活的窗到打开生活的门，从一个三流院校毕业的在办公室里毫无存在感的小财务，到业内某知名广告公司的项目总监，从月薪两三千到年薪 30 万。

如果不是靠着那股子不服输的倔强和越反思越清醒睿智的信念感，她走不到现在。

当然，我三个月后才知道，她找我喝酒的那晚，她奶奶去世了，她在这个世上最亲近的人没了。

我想，在之后的时光里，她的 A5 笔记本里面会有很多关于奶奶的温暖记忆，那样的记忆会帮她取暖，陪着她接着走好往后的人生路。

余生路漫漫，有知己一路同行，是天大的幸运。

如果你身边有值得信任的可以随时分享生活的人，即使相隔如山海，我亦在远方为你开心；倘若尚未遇到，那不妨从明天开始，给自己买一个精致的笔记本吧。

不管有没有他人相伴，没有谁能假装活得很好，我们终要对自己坦白。

你要有一个
能随时把你从黑暗里拉出来的人

人类的嘴巴会撒谎，耳朵却无比诚实。
你不得不承认，在某些特殊的时刻，
你就是需要一个无条件支持你的人，
把你看成是天上星星的人，
对你盲目信任的人，
毫不吝啬地对你吹“彩虹屁”的人。

在那个当下，你根本不需要什么逻辑，
不需要什么大道理，
你就是需要那样的温柔，那样的偏爱。

//

01/

在知乎上偶然看到过一个提问：有没有一首歌陪你度过那段最黑暗的时光？

有人回答是歌曲《达尔文》。

我便问自己，我的黑暗之光是哪首歌？脑子里率先弹出来的是歌曲《零》。

熟悉我的读者都知道，我来上海以后的第一份工作是在广告公司当策划，那时经常熬夜加班，写方案、做 PPT，经常加班到空旷的灯火通明的办公室里就剩我一个人敲键盘的声音，加班到连机房里的老鼠都趁着夜色出来活动筋骨，我甚至能听到它们锻炼身体的声音。

公司前台正对面的几家公司也都没人了，关灯了，昏暗的走廊里偶尔出现的脚步声令人慌张。加上我胆儿小，从小就害怕老鼠，只好用别的声音盖过那些声音。

所以，后来每次加班到只剩我自己一个人的时候，我都会在办公室里外放首歌，把声音开到最大，用单曲循环的方式为自己的勇敢充电。

再后来，每当遭遇小落寞、小失意的时候，我都会回头去听《JAY》《依然范特西》这些专辑，歌里有太多关于青春的美好记忆。

那种被治愈的感觉，就好像你通过哆啦 A 梦的任意门，穿越回了少年时代，跟那时最好的朋友们在沙滩上追着跑，傻笑着，打闹着，踩几朵浪花，再捡几块好看的贝壳。

那种纯粹的快乐，连站在一旁的时间都舍不得按快门。但若人生灰暗、压力很大、负面情绪累积到快爆炸，几近炸出一片血肉模糊的时候，JAY 的歌也会不够用。

每个人都需要一个宣泄负面情绪的出口，不然压抑到一定程度会出问题的。

所以，你要有一个能随时把你从黑暗里拉出来的人，他可以是你的恋人、你最好的朋友，也可以是某个很聊得来的网友，他了解你，了解你走过的路，他不仅不会拒绝你，还会给你温柔的倾听和鼓励。

你想找他吐露心声时不用担心场合、场景，不用拿起电话犹犹豫豫，也不用在微信对话框里打完字又删除。

他一直都在那里，为你时刻准备着，只要你愿意开口。

02/

2020 年 1 月到 3 月，是我这几年经历过的最灰暗的一段时光。

好事通常不会成群结队，但坏事尤其喜欢搞群殴，而我则单方面被生活殴打。

那段时间，我依次经历了疫情、裁员、分手、买的小房子出现了纠纷要尽快转手卖掉、被迫年三十当天搬家的连番打击，原本期待上市的第三本书因为疫情的缘故又出不了，只好跟原先的出版社解约，重新谈合作，家里又再次催婚，催我安定下来。

我那时候是品牌经理，我所在的互联网公司有三个联合创始人，我的顶头上司是公司的 CMO（市场总监）。1 月底，我在微信上收到 CMO 的裁员告知信息的时候，脑子轰的一声炸开了。

上司打了几百字，铺垫了很多内容，肯定了我过往的工作能力，还承诺将来时机合适可以再回去工作，业内有好的职位也会帮我推荐。虽然遇到这样的上司已经算很好了，我能在沟通的过程中感受到他那股“想要照顾我感受”的真诚，但浇在咖啡上的奶盖盖不住咖啡的苦，上司的言语包装也改变不了“我被裁了”的残酷现实。

疫情期间，我失业了，收入断了，但房租、水电、吃饭、交社保等硬性生活成本每月还在支出。

整个人很焦虑。

除了焦虑，还很难受。让我难受的不是“裁员”这件事，而是“为什么是我”。

我们这种小城镇长大，孑然一身来上海打拼的人，适应了大都市的五光十色、配套完善、生活便利和文化活动丰富以后，就很难回到原来的小地方了。身后又什么依靠都没有，钱是我们的胆，工作是我们最大的安全感，一份有成就感的工作是我们抵抗这个世界的恶意和不理解的坚硬盾牌。

失业跟裸奔差不多。

我自认为工作能力很强，在公司战略方向不断调整、工作职责经常变动的大前提下，也从来没有掉过链子，领导们过往的评价也都不错，但越是这样，被裁的事实就越让我怀疑自己，怀疑人生。

裁员给我的打击很大，失恋又伤我很重。

我跟前任那段轰轰烈烈的姐弟恋、异地恋，也埋葬在了那段时光中。

我比前任大六岁，我工作的时候，他还在读书，我在上海，他在云南。我是敏感细腻、不喜欢有误会，所以总把话说得很明白的巨蟹座；他是很固执，什么事情都憋在心里，喜欢让人去猜，但有时候行动又会大于语言的金牛座。

过去在一起的时光很甜。

他会在说你是小气包的同时，惯着你。

他会在你被别人骗了钱，骂完你很笨之后又立马补充："但又很聪明，所以才能把我骗到手。"

他会在你鞋子磨脚、逛完街要无赖不想爬楼梯的时候，主动弯下腰，背着你一口气爬到五楼。

他会在你生日当天，前脚说公司最近太忙了，航班排得太满，请不了假，后脚捧着两个蛋糕（一大一小，一个是我喜欢的卡通图案，一个有好吃的水果和奶油），飞3个小时后出现在离你家最近的商场的喜茶店里，买好两杯三分糖的多肉葡萄等你出现，帮你庆生。

我们就这样甜甜蜜蜜地到了我三字头的年龄，迎来了轰轰烈烈的分手。

我们之间没有变心、劈腿这样的狗血剧情，我们只是没有未来，很难有共同的未来，因为异地、双方父母反对，甚至是信仰冲突，等等。到最后，只好还彼此自由。

分手以后，我把他所有的联系方式都拉黑了，我不是一个不可以和前任保持距离、做回普通朋友的人，但如果是他，我想断得干净利落，因为越是甜过的感情分开了越伤，藕断丝连只会害自己。

别人很难想象我那段时间有多丧、多消沉，谁让我一直是朋友圈里的那个小太阳，那个总是元气满满、能量满满的人呢?

受疫情影响又不太能出门，一连几个月，我都把窗帘拉着，不接电话，不回短信，把自己关在家里，关在黑暗里。我房间里有一面落地镜，落地镜的后面有一排空酒瓶，歪歪斜斜地躺着，像在嘲笑我叱咤上海滩的梦想摇摇欲坠，爱情也壮烈牺牲。

我不酗酒，但那阵子几乎每天都喝，喝到微醺，这样能让思考的速度慢下来，就能不那么难过了。

医者不自医，在爱情这件事情上，我是一个习惯了给别人当军师，却经常憋死自己的人。

所以我每天任由负面情绪在身体里流淌着，以为会像往常一样负负得正，靠自己消化掉所有糟糕的情绪。很遗憾，我失败了。

丧到极致的时候，远在成都的好友斯坦给我打电话，打了十几个，打到我接为止。

我们一聊就是一个多小时。我们认识十多年了，他知道我糟糕的时候习惯把自己关起来。

他听我讲完了所有的故事，听我讲完了所有好的坏的状况，安慰我一切都会过去的，鼓励我下一份工作会更好，下一个男朋友会更好，第三本书一定会大卖，等等。

我的情绪真的慢慢好起来了，他把我从黑暗的深渊里拉出来了。

人类的嘴巴会撒谎，耳朵却无比诚实。你不得不承认，在某些特殊的时刻，你就是需要一个无条件支持你的人，把你看成是天上星星的人，对你盲目信任的人，毫不吝啬地对你吹“彩虹屁”的人。

在那个当下，你根本不需要什么逻辑，不需要什么大道理，你就是需要那样的温柔，那样的偏爱。

我很幸运，拥有几个这样的好朋友。

斯坦是那个会耐心倾听，也会帮我理性分析的人。

米亚是那个不管我在哪里做什么，她都坚定地爱我、相信我，随时准备好给我惊喜的人。

小鱼是那个始终相信我能做出点什么事情来的人，会在我疲惫至极时感慨“因为没有大树，所以想做自己的大树”时，坚定地说：“不管你是什么，你在我心里就是一颗最亮的星星，会闪的那一种。”

03/

半年多以后，斯坦的公司业务线调整，他手上多出来很多新的工作，每天的工作内容能排满一整张 Excel 表格，天天都加班到半夜，吃饭约会总迟到，对象跟他闹别扭，以往的默契和热烈变成了微信上吵架时的杀气腾腾和尖酸刻薄，好好的同城恋也谈成了异地恋。

情绪已经很糟糕的时候，突来噩耗，他爷爷去世了。

挂完家里的电话，他立刻买了返家机票，连夜赶了回去。

他给我发信息的时候只说了四个字："爷爷走了。"

我知道藏在这四个字背后的沉重和难过，这次，这次换我陪他度过黑暗了。

我给他发微信，打电话，陪他聊天，陪他度过那段时光。

我们每个人都活在情绪之中，在这个高压的社会里，"情绪力"也越来越成为重要的职场竞争力之一。

为此，有段时间，我还专门花心思研究了如何做情绪管理，如何处理负面情绪。

心理学家霍克希尔德教授教会我，除了体力劳动、脑力劳动之外，情绪劳动也很令人疲惫，控制负面情绪的"情绪劳动"正在无形中消耗我们。

"情绪感受"（指内心的真实心情，情绪的卷入度有多深）和"情绪表达"（表达出来的情绪）之间的差别越大，我们付出的"情绪劳动"就越多，越疲惫。

因此，我们在压力本身就很大的时候，需要调整自己的主观体验和内在表达，减少两者之间的对抗性，该表达的时候就表达，不要压抑自己，减少"情绪劳动"，这样才能更好地调整自己的情绪。

世界顶尖演讲家安东尼·罗宾则教会我，负面情绪像一个圆圈，会把你困在里面绕圈子，而打破这种恶性循环，只需要三步，你要有“新的目标、新的动作、新的结果”。

总而言之，你只需要改变机能，转移注意力就行了。

心情糟糕的时候，不要在脑子里重复演练那些糟糕的事情，而是要走出去，去看电影，看展，打球，跑步，爬山，逛花鸟市场，去为人生设立新的目标与计划。

在我看来，他们说的方法都更侧重于内求，由内而外地给自己排遣情绪垃圾。但我认为最好的方式一定是内外结合的，既有内部的自我调节，又有外部的减压地带。

你具备调控情绪的技能，但与此同时，你不是一个人的孤岛，有人陪伴，有随时能把你从黑暗里拉出来的人。如果你身边还没有这样的人，从现在开始寻觅也不晚。

千万别被网上鼓吹的“情绪化是二等公民，成年人就是需要自我抑制”这种论调给道德绑架，过度自我抑制的人，后来都得抑郁症了，情绪管理和情绪阉割是两回事情。

比起情绪 100% 稳定的机器人，我更喜欢情绪有起伏、会哭也会笑、真实又可爱的人类。

不是努力没有用，而是正确地努力才有意义

在能通过努力改变故事结局的地方，
我们义无反顾地拼尽全力，
在即使拼命努力也注定是徒劳无功的地方，
我们放过自己就好。

北极没有企鹅，赤道没有雪，
方向错了，你多努力都没用。
人生的路很长，不必太为难自己。

//

01/

我们都听过很多大道理，似乎所有人都在告诉我们：你一定要努力。但没人告诉你到底该如何去努力，没人告诉你，努力了也不一定能成功。

S 是这几年很火的一款交友 App，S 市场部的负责人找到了 J 公司，希望做一场大规模的品牌联合营销。瑞奇刚进 J 公司没多久，

领导简单叮嘱了几句，就把活动策划的活儿丢给了她。

瑞奇心里明白，她是新人，这活儿一半是锻炼，一半是考验。

她认真做了两家公司的品牌调研、目标人群分析和活动主题构思，连中午吃饭和下班的路上都在想还有没有什么更有趣的主题方向。周一临下班接到的任务，周二下午就交了作业、约了会议室讨论方案。等相关人员都入座后，瑞奇开始对着投影仪讲解她的方案。

认真讲解的她，根本没注意到领导皱起的眉头。

终于，瑞奇讲完了她的整整六页 PPT，会议室的人开始挨个讨论她的方案。

显然，大家对这个方案都不太满意。其他人碍于同事情面没点破，领导比较直接，开口第一句就是："方案不行，拿不出手。"

在领导看来，既然要出方案，哪怕只是内部的第一轮沟通，项目背景、目标人群分析、活动主题、活动规划、活动排期、执行安排，这些常规的点也都应该覆盖到，不用详尽，但必须列入考量。但瑞奇的方案头重脚轻，把太多的精力和笔墨放在罗列一些众所周知的事实上，欠缺深刻洞察和对项目的整体谋划。

另外，这个方案最大的问题在于，它根本不能算品牌联合营销。方案从头到尾着眼的都是 J 公司的利益点，听完整个方案你会发现 S 公司在这场营销里是个 100% 的配角，可有可无，没有任何一家公司会为于己无利的营销花冤枉钱、出大量资源的。一旦涉及双方联合营销，那就必须基于"联合营销"这一根本出发点，平衡双方诉求和利益点。

瑞奇没搞清楚“联合营销”的要义，做了一场J公司唱独角戏的企划。虽然她花了很多心思，找了很多参考资料，码了很多字，但六页PPT里最终能用上的内容可能只有10%。

失之毫厘，谬以千里。光年不是时间单位，北极没有企鹅，赤道没有雪，方向错了，你多努力都没用。

当你扮演解决问题的角色时，必须抓住事情的本质，继而顺藤摸瓜、抽丝剥茧，找到最合适的解决方案。所以，不是努力没有用，而是正确地努力才有意义。

02/

不论学业还是职场，没人喜欢做无用功，没人能欣然接受付出努力却得不到应有的回报的结果。那么，怎样才能正确地努力，最大限度地发挥努力的价值呢?

斯坦福大学有个有趣的发现：那些最高效的个人和团队，在生活中总是有意识地在“学习区和展现区”这两个区域转换，而这一点是每个人都可以复制、学习的。

何谓学习区和展现区呢?

在学习区（learning zone）里，人们希望进步，会为了进步有计划地行动，将精力集中在还没有掌握的知识点上，不排斥犯错，能有效地从错误中吸取教训。

但在展现区（performance zone）里却完全不同，人们在展现区的诉求是做到最好，是在已经掌握的东西上集中精力，并尽可能地把错误缩小范围。

举个简单的例子：

你为了备考大学英语四六级、雅思、托福而不断刷题时，就是在“学习区”努力。刷题的过程中，你有目标有计划，也不怕犯错，比起犯错，你更害怕的是因大意而错过重要知识点。

但如果你正在进行一场出国留学面试，就切换到了“展现区”。你自然也希望通过一些高级的词汇和句式来展现出色的英语水平，从而给面试官留下一个好印象。但比起显摆口语能力，你更害怕弄巧成拙，为了让面试更顺利，你会尽可能地选用自己非常熟悉的单词和句式，展现口语能力。

如果说展现区是辉煌的个人成果展，那学习区便是刻意的、有针对性的集训与复盘。两者是相辅相成的，好的学习区积累能促进展现力的提升，好的展现也能提供再次努力学习的动力。

国内很多大公司都非常重视培养员工“持续地刻意学习和复盘的意识”，以全面提高员工的职场技能，提升企业的整体竞争力。

有时候，我们之所以努力了却没有进步，没达到预期，往往是因为我们没能正确地区分“学习区”和“展现区”不同的功能意义，把过多的时间、精力放到了“展现区”。

没人能随随便便成功，每个能在“展现区”散发耀眼光芒的人，都曾在“学习区”里卖力地挥洒汗水。

古希腊著名的政治家、演说家狄摩西尼曾苦练演讲，为了让发音更清晰，他把鹅卵石含在嘴里练习说话，直到石子磨破了牙龈，每次都弄得满嘴是血；碧昂丝获得过20多次格莱美奖，位列北美最具影响力女歌手行列的她，每场巡演结束后，都会仔细观看自己的演出录像，挖掘不足，记下舞美、摄像以及她自己可以提升的点，以便下次做得更好；国内的商业大佬褚时健，对产品有极致的狂热与品质追求，主张精益生产管理，他能够一次又一次地创业成功绝不是偶然。

03/

如果人生中遇到的大部分问题都能靠努力解决，那人生可太简单了。

你不得不承认，感情上“问题症结的寻找”和“正确地努力”远比工作、学习复杂多了。因为不是每个人都会对你诚实，我们会遇到很多干扰信息，阻碍我们看清问题的本质。

蔓青接到未婚夫跨洋分手电话的时候，人在苏州，正和闺密兴致勃勃地挑着婚纱。

彼时，离她的婚礼还有不到四个月的时间，身边的至亲好友也大多知道了她要结婚的事，现在准新郎说了一堆烂理由以后要分手，不能跟她结婚了。

什么，他说什么？性格不合？不打算回国了？父母不同意还是什么？

挂了电话的蔓青，脸色惨白，用力晃了晃脑袋，却没能回想起任何一个完整的句子，脑子轰隆隆的，像几十辆坦克刚浩浩荡荡、无情无义地轧过去，尘土飞扬，一片狼藉。

闺密就在她身边，但她憋了一个下午，只字未提，还找了个低血糖的借口，堵住闺密想要关心和探究的嘴。

晚上回到酒店后，她卸了妆，洗了澡，又重新化了个大浓妆，穿上她白天试完 27 套婚纱后才挑中的一件白色抹胸婚纱，站在宽大的落地镜前发呆。

不知是粉底液实在是太白了，还是她下午的惨白脸色还在延续着，灯光下的蔓青像个精致的洋娃娃，脸上有种毫无生气的美艳。

她没有任何情绪地说了句："简仁跟我分手了，今天下午。"

闺蜜骂了一句"他是傻瓜吗"，然后冲过去抱着她，安慰她。

回上海的第二天，蔓青请假飞了温哥华。

她跟简仁大学谈了三年，毕业后又谈了一年半的异国恋。虽然有时候也会吵架，但每次吵完了都会和好。她无法接受这突如其来的变故，她不甘心，简仁一定有事瞒着她，或许他有什么苦衷呢？

当一段太过投入的感情面临结束时，女人最擅长的事情之一就是自欺欺人。

一开始简仁连她的电话都不敢接，意识到实在躲不过了，他才肯出来见蔓青。可无论蔓青怎么挽回，他都丝毫不动摇，为了让他回心转意，蔓青几乎把自尊都踩在脚底下了，最后还是无用。

心灰意冷的她遍体鳞伤地飞回了上海。

她整夜整夜地失眠，头发都被抓掉了很多，控制不住地钻牛角尖，只要醒着，就拼命地想为什么。是他变心了吗？见过了外面的世界，觉得她不够好了吗？但始终没有答案。她觉得自己很糟糕，很失败。后来，蔓青用了将近一年的时间调整状态，想让自己优秀一点，再优秀一点，却还没能完全从简仁突然悔婚的阴影中走出来。

再后来，简仁给她发了一封长长的邮件。

大意是他已经结婚了，真的对不起她，对方家庭条件比较好，不论是留在温哥华还是回国，都能帮到他。他爸的生意出了问题，家里欠了很多钱，生活费完全断了，有段时间连吃饭都成问题。说这些不是为了寻求原谅，实在是因为过不了自己那关……

蔓青一直都知道简仁那么突然又坚决地分手有隐情，只是没想到故事比她想的要庸俗、狗血。

她从头到尾都天真地以为问题出在感情上，却没想到利益权衡才是决定性的因素。

在有些人的世界里，感情就是感情，婚姻是爱的结合，但在另一些人的世界里，感情和婚姻具备着重要的资源交换价值，需要权衡利弊。每个人的境遇不同，你无法武断地评价对错，只是，方向不同的人，是没办法一起走到最后的。

分手除了两个人分开以外，还有另一层含义——对方想要对他而言更好的选择。

这种时候，你做任何挽回的努力都没有意义。

在能通过努力改变故事结局的地方，我们义无反顾地拼尽全力，在即使拼命努力也注定是徒劳无功的地方，我们放过自己就好。

人生的路很长，不必太为难自己，下一个转角会有新的希望。

不要让你的物欲
超过你赚钱的能力

手有余钱很重要，
因为你永远不知道什么时候要用到钱。
人到了一定年纪以后，
安全感很大程度上来自存款数字。

越是经济不自由的人，
越要保证物欲上的轻盈，
保持随时能爽快离开，
在哪里都能潇洒地重新开始生活的资本。

//

01/

我和大多数独自在一线城市打拼的人一样，还没买房，眼下也买不起一线城市的房。换句话说，我在上海没有固定的住处，所以，每次因工作变动或房租上涨导致的搬家都是令我最头疼的事情。

家里囤积的东西太多了，衣服、鞋子、包包、书，还没拆封的化妆品、自行配置的小家电，和一些“当初不知道为什么要买、以为很有用其实没派上什么用场、买来以后基本没用过”的东西。

以至于每次打包到最后，我都会一脸颓然地坐在地板上，心情比铅球还沉重。

每每望着一屋子的狼藉，堆满桌子的化妆品，挂满衣架的包包，我总觉得自己像一只被女巫诅咒困在古老城堡里的大笨龙，看似屁股底下坐着几辈子也用不完的金银珠宝，很富有，但那些东西说到底只是带不走的负累罢了，远没有能随时飞出去玩来得爽快。

我经常恨不得把所有的东西都打包送人或扔掉，只留下钱包、身份证件、手机、电脑和几件当季正在穿的衣服，好轻松地拎包入住新租的房子。

我承认，最开始，物欲上的满足和物质上的占有是快乐的，可当你本身处在一种“不安定”的生活状态下、经常搬家时，物品的囤积，尤其是体积、重量都大的物品的囤积无疑是一种巨大的负担。

如果可以，我想把我的生活物品装进两个行李箱里，说走就走，没任何负担。

02/

几乎每个女生家里都有一个堆满了化妆品的梳妆台，我也不例外。

我租的房子没配梳妆台，我就从网上淘了一张写字台当作梳妆台用，眼见它从一马平川到被堆满的化妆品压弯了腰，变成了肉眼可见的小盆地。可我真的需要那么多东西吗？

就拿口红来说，理论上，一支口红能用半年左右，使用频次低的话甚至能用到一年以上。

我的口红架上有 20 多支口红，覆盖各大品牌，受网络营销和当季潮流的影响，每个季度还会买新的色号。每次化完底妆站在它们面前挑选色号的时候，都不免恍惚几秒，哪怕我有十张嘴，每天用也涂不完这些口红，无法保证每一支都物尽其用，寿终正寝。

一个包，不管是小羊皮、牛皮还是帆布包，国际大牌还是国内小众品牌，它们都不是纸糊的，使用得当的话，五个包包就能覆盖人生的绝大多数场合（通勤、约会、旅行、自习、购物），就能用一辈子了，但我在处理掉一部分的情况下，还有十多个包。

鞋子就更不用说了，就算有 30 双鞋，每个季度经常穿的也绝对不超过 5 双。

汹涌澎湃的购买欲到底从何而来？

为什么明明用不了那么多东西，却一直在疯狂地买买买？是出于攀比心理吗？

问了身边几个女生朋友，她们的处境也跟我差不多，大家似乎都被“消费主义”和网络营销洗脑了。

上半年有“五一”和 618，下半年有双 11、双 12、圣诞节、年货节，期间还夹杂着各种大牌日、店庆、周年庆等，购物平台和商家处心积虑地把许多日子都变成“刺激消费的购物节”，社交媒体和网络到处宣扬“消费主义”：天呐，这支口红太美了，涂上它你就是玛丽莲·梦露，那只涂上简直就是赫本本人，你一定要买它买它。不论什么季节，都有人向你推荐流行穿搭、时尚配饰，你还没掌握当季穿搭的要领，商场和网店都已经上架下一季的潮流穿搭了……

潮流快到你脚底抹油也根本追不上。

精明的品牌方、商家和网红们，尤其擅长贩卖“颜值焦虑”“身材焦虑”，把你的恋爱运气、社交圈层、职场发展和人生轨迹都分别打上标签，给出通用的解决方案——花钱购物，买买买。

当你觉得自己糟糕，被某种焦虑、恐惧情绪支配时，钱就进了商家的腰包，这条准则，全球通用。

在纪录片《无节制消费的元凶》里，心理学家克劳岱·拉贝尔指出，人类的原始欲望决定了有意识的选择，如果能破解潜意识的密码，就能找到把东西卖给客户的最有效方法。

他曾担任家乐氏、通用等公司的顾问，在长达三十年的时间里战绩斐然，擅长操控人心，将人类心理上的恐惧转化成凶猛的消费力。

拉贝尔博士举了个经典的例子。战后悍马在美国的销量很好，这主要是因为它传递出“别惹我”的信息。他认为人们对危险和恐惧的认知，是购买汽车的绝对动机，21 世纪初 SUV 占据了美国汽车销量的 20% 也恰好佐证了他的观点。

在经济腾飞、产能过剩和商家追求利益的时代背景下，广告圈里逐渐形成了以引发消费者焦虑为目标的营销体系，且屡试不爽。很多国内外广告案例用的都是相似的配方：先给消费者制造一种焦虑，讲述一些他们不了解但很可怕的事情，然后再介绍一种神奇的解决方法。

消费者上钩，商家成功卖出东西。

“打折促销、限时抢购”像闹铃一样催着消费者下单支付。高明的营销手段让很多人错把消费当品位，以为背名牌包穿大牌衣服就是品位好的象征，频繁出入高档消费场所就能让人高看几眼。

这实在是大错特错。

03/

如果不想掉进商家的圈套，不喜欢被别人套路的感觉，就应该着眼于自身实际需求，理性消费。可偏偏消费又能够刺激多巴胺分泌，让人产生愉快的情绪，很难抑制。

就拿我的朋友安妮来说吧，她是公关公司客户经理，都市时髦精英的典型。

你永远能在她身上找到最新的潮流元素。阿玛尼 400 还没大面积请网红做营销的时候她就已经涂着它约会了；某女星背 Chloe 小猪包没多久，她就背着同款出现在某个朋友的生日派对上了；别人还不知道祖马龙蓝风铃是什么的时候，她已经用腻了搁在化妆台上让它积灰了；别人还没搞清楚玻尿酸和烟酰胺的区别呢，她都升级到“果酸换肤”模式了。

粗粗算来，她这两年光花在置办化妆品、护肤品、包包、配饰和微整形上的钱已有将近十万块。

她一年的工资和年终奖加一起有二十万左右，可工作好几年了，银行卡上的存款却不超过五位数，每个月收到工资后的第一件事就是还信用卡。

本来嘛，女生经济独立，自己赚钱自己花，无可厚非。

她一直这么心安理得地过着高级白领的小资生活，直到她爸爸意外摔伤住院，她连两万块的住院费都拿不出，只能四处找朋友借，这才意识到问题的严重性。

工作这几年，她一个人在上海，表面无比光鲜，咖啡美酒、派对旅行，除却疯狂熬夜加班的日子，余下的时间里，从一个局浪到另一个局，花钱大手大脚，毫不顾忌，不了解的都以为她是白富美，最不济也是二线城市小康家庭。

但其实，她老家在北方一个非常穷困的小城，出身普通家庭，父母早年下岗以后就没有稳定的收入，靠打零工过生活。大学时代最潦倒的时期，她吃泡面就榨菜，日盼夜盼奖学金，靠家教补贴生活费。但凡她以前花钱注意一点，别说两万块医药费了，三线城市里一套房子的首付都存够了。

那次以后，她痛定思痛，决心改头换面重新做人。

她憋了好几个月没买一件新衣服，没进行任何攀比性消费，也不怎么赶潮流了，减少聚餐，戒外卖，一有空就自己做饭吃，把信用卡欠的钱一次性还清了，又下了记账的App，记录每一笔钱的进出，每月开始强制储蓄工资的30%。

上一次见她聊天，她强调了好几遍："我以后再也不乱花钱了。从今天开始，我要当个小财迷，以赚钱为动力，把存钱当兴趣，不然抗风险能力太差了。再也不想硬着头皮跟人借钱了。"

04/

安妮已经从"盲目消费"的坑里走出来了，但很多人还没有。

那些天天对你鼓吹"要消费、我要的现在就要、不顾现实只管今朝有酒今朝醉"的人都是在害你。美妆博主和商家才不会为你打算，他们所鼓吹的新产品、新技术、新潮流，99%都是出于赚钱的立场，你可千万别走心。

年轻人，听我一句劝，别让钱包被鼓吹消费的商家们掏空了，手有余钱很重要，因为你永远不知道什么时候要用到钱。人到了一定年纪以后，安全感很大程度上来自银行卡上的存款数字。越是经济不自由的人，越要保证物欲上的轻盈，保持随时能爽快离开，在哪里都能潇洒地重新开始生活的资本。

我从来都不反对“必要消费”；我也不提倡“极端极简主义”，一口气把能扔的东西都扔了，结果下次要用了还是得重新买，耗时又耗钱；也不提倡为了每月省点钱就勒紧裤腰带，饭也不好好吃，把日子过得苦哈哈，赚钱不就是为了花吗？人活着除了实现自我价值以外，不就图个开心吗？

我真正反对的是“欲望与经济水平不符合的超前消费和被营销洗脑、出于攀比心理疯狂生长的购买欲”。一个成年人，得知道自己有几斤几两，应当选择最适合自己的生活方式和消费方式。

至于那些有钱人，他们钱多，房子大，买再多的东西家里都有地方堆，爱怎么消费是他们的事情，他们负担得起，旁人没什么立场指手画脚。人生没有标准答案，大家各有各的活法。

梭罗在《瓦尔登湖》里说：“我愿意深深地扎入生活，吮尽生活的骨髓，过得扎实、简单，把一切不属于生活的内容剔除得干净利落，把生活逼到绝处，用最基本的形式，简单，简单，再简单。”

而我想说，我热爱生活，但不愿被生活和物质绑架，渴望飞翔，有轻盈的翅膀和适度的物欲，希望能对每一件常用的物品和它的历史如数家珍，比起盲目购买、囤积，更想尽情发挥每一件物品的使用价值，珍惜附着在每一件物品上的情感链接，心有所想，心无挂碍，能随时出发和停留。

没有为自己的热爱疯狂过，就好像从未真正生活过

世界上最幸福的一种活法，
就是做自己喜欢的事情，并且从中赚到钱。
在我的人生蓝图里，
自由快乐、爱与尊重，都是永恒的命题。
我愿意为了它们吃点生活的苦，
也因为它们，我得到过很多生活的糖。

//

01/

Eric 名校毕业，学的设计，毕业之后顺其自然地进了 4A 广告公司，35 岁之前的人生也算精彩，服务过的多是国际国内的一线品牌，一路从设计助理做到高级艺术总监，收入从月入四位数上升到年薪 40 万还不含年末的奖金，房子也买了。每年有 11 天的带薪年假，到处旅行，玩过很多地方。

Eric 的日子过得十分潇洒。这是他的生活在兄弟心中的版本。

他在家里装了个酒柜，几乎每天都喝酒，周末喜欢去酒吧玩，夜夜灯红酒绿，不是因为别的，只因为他不快乐，他活得一点都不快乐。

但这种话被一个大男人说出去，就太矫情太像个笑话了。

最近他辞职了。裸辞。

老板找他谈了几次话，都没能劝住他。

别人是35岁因“职场天花板”惨遭裁员，到了他这里，却是“自杀式结束职业生涯”。这听起来确实不像是一个35岁有车贷房贷要还、看起来成熟稳重的男人会干出来的事情。

我很好奇，跑过去问他为什么。

他说，不为什么，他就是厌倦了，不想像个机器人一样地上班下班加班，熬夜制图管手下了，他累了。他根本就不喜欢制图，他一毕业就进了广告公司，因为除了制图他什么也不会。

再在聚会上见到Eric的时候，他把杨浦的房子租出去了，又在崇明租了房子和几块地，开始了日出而作，日落而息的种菜生活。

我有瞬间以为他要搞农家乐了。他说不是，他只想停下来喘口气，想想以后的人生路怎么走，他好像从没真正生活过，没为了自己的热爱疯狂过。

Eric那天没说出口的是，他的体检报告不太好，事业上的顺遂是以牺牲健康为代价的。

还有鬼哥也很神奇。

他先前是国内某知名航空公司的机长，待遇很高，薪资不菲。

2020 年初，新冠肺炎疫情大面积暴发，给全球经济造成巨大冲击，很多行业损失惨重，尤其是航空公司，全球超三分之二的客机停飞，鬼哥所在的航空公司也不例外。

以前飞的时候，鬼哥的生活极规律，家里和机场两点一线，再不然就蹲健身房跑步、撸铁，航空公司对飞行员的体能要求极高，必须坚持健身。

停飞以后，他闲了下来，每天不知道要干吗。一来在家里待久了很闷，二来两个孩子读私立学校，每年的学费和课外补习班的费用也是笔不小的开支。他老婆结婚完没多久就全职带娃了，已经很多年没收入了。没办法，他只能出去看看新机会，做代驾、到朋友的物流公司帮忙、做健身教练，等等。

等到下半年疫情形势好转，各行各业的秩序也渐渐恢复，他能回到公司正常排班飞行了。虽然排班比较少，小时费不多，但比起其他行业，飞行员仍是令人艳羡的职业。可他竟然没回去，还泡在健身房当教练。他们公司的人都觉得他疯了，放着好好的机长不当，跑去当健身教练。

我也觉得离奇，毕竟他不是没得选。后来有次聊天，他跟我说，他从小的梦想是当赛车手，可赛车手风险太高了。当不了赛车手也行，他就去当飞行员，去从事另一种“高危职业”。

我说，那这跟健身教练没什么关系啊？

他说，飞行员在外人看着体面光鲜，但享受过一阵子在天上飞的快乐时光后，觉得天上地上也没什么差别，每天飞也很无聊，很枯燥。

当健身教练可以每天运动出汗，带着学员一起提升体能练身材，是为数不多让他能快乐的事情。

他想再干一段时间，有些事情早晚要面对，有些问题他想弄明白。

按我们圈子里流传的版本，比 Eric 和鬼哥“疯”得更早的是小吴哥。

他从小就不喜欢读书，看到书就头疼，一路磕磕绊绊读完大学，毕业以后也不想去上班，不想给别人打工。他靠着家里给的钱开了个小饭店，饭店做的是熟客生意，没赚什么大钱，但日子倒也过得去。

两年前，他把饭店转让了，给自己留了 8 万块钱当生活费，其余的都给老婆当家用了。

他一个人跑去横店，屁颠屁颠地去当群众演员了，你敢信？一天 80 块，真的就是只能演演路人、死尸、小兵，妥妥现实版的《喜剧之王》。

那个平时不声不响只是有点爱抽烟的小吴哥，平平淡淡地活到了 33 岁，开启了他的“逐梦演艺圈”生涯。本来他家里人觉得他从小做事就没什么耐性，当群演每天灰头土脸的，挣不到钱又很苦，他肯定扑腾几个月就回来了。

结果，两年过去了，人家还在横店折腾呢，还不打算放弃。

唯一的好消息是他现在偶尔也能接到200块以上的群演活儿了，但这对他家人来说可能是个更坏的消息。她老婆没办法，也不知道他要疯多久，正在考虑去横店开个面馆，夫唱妇随。

02/

我真的是三十岁以后才对“男人至死是少年”这句话有了深刻认识。但转念一想，这跟性别根本没关系。除了他们以外，我身边也有女生当了十年公务员，眼瞅着要升上去了，却突然不干了，跑去做短视频了；有单身到39岁的姐姐，顶着整个家族的催婚压力，辞职出国留学的。

他们每个人的经历听起来都有点叛逆不靠谱，但我知道，那不是“叛逆”，那是他们给自己的“人生补偿”。

因为最开始的路，都不是他们想选的想要的，所以走到一半不想再走下去了也很正常，哪怕那走到一半的路上有别人够不到的幸福，可到了当事人身上就只是枷锁，就好像“甲之蜜糖，乙之砒霜”。

最近连续发生了几件事，让我颇有感慨。国内太缺乏“人生启蒙”和“职业教育”这方面的优质课程了，加之大部人都背负了太多的包袱——父母期待、社会标签、阶层划分、道德绑架等等，很多人都陷在自己并不喜欢的角色和人生泥沼里。

有人在人生的上半场，每当遇到重大抉择的时候都不知道要怎么选，一团乱麻，毫无头绪。

有人活了小半生，看似在跌宕起伏中上升，却总在夜深人静独处时，生出“这并不是我想要的生活”的惆怅，疯狂地想逃离身边的一切。

如果说高考分数过了一本线，志愿表打了七八份，却填完了撕掉，填完了又再撕掉的江同学，属于人生上半场不知道该怎么做选择题的人，我另外几个朋友就属于下半场策划“人生出逃”的典型。

03/

很久以前看过一个研究，世界上最幸福的一种活法就是做自己喜欢的事情，并且从中赚到钱，但不是每个人都很幸运，不是每个人都能很快找到他们真正想走的路。

小时候我们经常被问到长大了以后要当什么。提出这个问题的人，期待的答案往往跟职业相关。

问题是，长大后当我们进入一个更大的世界，当我们自己掌舵开船、步入大人的生活轨迹的时候，我们才发现“工作”只占据生活的一部分，我们还有很多其他想追求的东西，其他真正能激发我们创造力、热情和能量的东西，比如追逐梦想、搞发明创造、保持健康、环球旅行、跟爱的人在一起、做公益，等等。当这些“其他追求”跟“当下生活”发生剧烈冲突，不断堆积的负面情绪像超声波一样干扰你的心绪，搅得你不得安宁，而你又没发现新的人生地图的时候，必然会发生纠结，生活必然会被弹出平平淡淡、一帆风顺的轨道。

你会像被世界抛弃了一样，进入一个荒凉的“隧道视角”。

好在，是隧道就一定会有出口。

好在，虽然有些比赛终点很确定，有些游戏想赢就只有一种方式，但人生这场比赛是“无限游戏”，无限循环，无限连接，你过完了这一关，永远不知道下一关是什么。

别说你没钱，就算你富可敌国，也没地方让你作弊买攻略买外挂，从而不用面对任何纠结和抉择，在这点上大家都是平等的。

好在，斯坦福大学研究出来了一套“人生设计课”，能够帮助遇到纠结的你、总想逃离生活逃离当下的你，重新审视自己的人生，重新设计自己的人生。

不管你今天是 18 岁，还是 38 岁、58 岁，只要跳出思维惯性，敢于试错，就还有重启闪耀人生的可能。

你可以像设计师一样思考，把“人生这段旅途”当作你的产品来设计（一款对你而言非常重要的产品，跟你的生命融合在一起）；用“健康 × 工作 × 娱乐 × 爱”这个仪表盘，分析诊断你当下的生活，得到一个相对客观的评估（去区分开心和不开心的部分、满意和不满意的部分、自己内心想要的和被外部世界强塞的部分）；

再回到本质问题，回归到价值观本身，反思你的工作观、人生观，创建新的人生指南，用这个新的人生指南指引你，去寻找到新的方向、新的路；然后打开思路，通过思维导图畅想你人生的多种可能，进而设计原型，快速试错，直到你找到自己想要的。

这段是我自己概括的，可能比较粗浅，仅供大家参考。

“人生设计的思路是——每个人都有许许多多可能适合自己的生活方式”，你的人生不必是工业品（过每个人都在过的生活，没什么不同），它可以是艺术品。不妨从某个选择开始先试试看，像我那些看似迷茫、疯狂的朋友一样。

我自己很想分享的一点就是，在工作这块，我也是个在父母眼中挺不着调的人。

我本科虽然不是985，可当年也是考了我们学校文科第一，超了一本线30多分。N大的毕业生在浙江范围内都是比较好就业的，但我非要跑到压力大、竞争激烈的上海去折腾。

英语专业八级的人，不去当老师也不去做翻译，一毕业就跑到广告公司做策划，他们不理解，觉得我大学四年白读了。

在广告公司好不容易从一个小虾米做到创意副总监，收入待遇都不错，又想不开跳槽去做互联网，做项目做运营做品牌，又要从头开始。有份工作顺顺当当的，每个月有稳定收入多好，我又要去做自媒体，成为自由职业者，重新做当作家的美梦，收入非常不稳定。

这些都是我爸妈不太认同的。

可我还是坚持了。因为我想了很久，不管是开始在乙方做策划还是后来在甲方做品牌，不管是自媒体写情感文章还是当作家写小说，不管我换过几份工作，在我这里，有个东西从来没变过，那就是，我是个喜欢影响别人、热爱表达的人，我又发自内心地希望自己写出引人共鸣、深刻隽永的故事，希望这个世界能因为我而有那么一点点不同，希望我的文字可以治愈人心。

我走的路不算顺遂，但我走的每一步，都在离内心深处的渴望更近一点。

所以，我经常跟朋友开玩笑，虽然这几年在上海没混出什么名堂，也没赚到什么大钱，但我挺开心的，真的，天大地大开心最大。

大部分时间里的我，自由又快乐，因为我在做自己喜欢的事情。

在我的人生蓝图里，自由快乐、爱与尊重，都是永恒的命题。

我愿意为了它们吃点生活的苦，也因为它们，我得到过很多生活的糖。

对了，我写完这篇文章的时候，Eric 还在崇明种菜，好像还入了新的装备，下一步干吗还没想清楚，他想先把身体养好了再说；小吴哥还在横店拍戏，嫂子真的跑过去开面馆了；鬼哥回去开飞机了，并且买了辆雅马哈，不飞的时候跟一帮赛车手混在一起。

你看，就算跌倒了，大不了再爬起来，就算偏离了一会儿航道，还是能转换方向的。

重要的是，我们给自己一点英雄主义，给自己一点选择新人生的权利。

当你在思考未来的时候，未来已经发生了改变。

比贫穷更可怕的，是完全接受了“穷人”这个标签

定义你是谁的并非是身份证号码、
户籍所在地和银行卡余额这些表面的东西；
那些你想要做成的事情，你做成了的事情，
你处理问题的方式，你对待他人的方式，
才真正定义了你是谁。

比贫穷更可怕的是，
是完全接受了“穷人”这个标签，
以及生活那出戏里“人穷志短”的配角。

//

01/

圣诞节前，我收到了柚离从德国弗莱堡寄过来的明信片。

明信片的正面是当地风景照，晚霞铺满了弗莱堡，天空像涂上了裸粉色和大地色的眼影，温柔又绮丽，城堡一样的小房子，高低错落，白墙红砖，古朴跟现代融合。

她在背面写道：“有时掉进黑洞，有时爬上彩虹，命运的齿轮一直转动，我还在往前走。I miss you（我想你）。”

存放这张明信片的时候，我又在收纳盒里看到很多以前的明信片，翻出来单是柚离给我寄的就有十几张，就像她说的，走到哪儿给我寄到哪儿。

“小白领你好，奋斗不是完美的计划，而是当下洒下的热血，与君共勉。”柚离 @ 绍兴，2012.6.28。

“昨天回 N 大了，逛了农贸和双桥，想起了我们在 9 号楼的故事。日子浓或淡，都很好，愿你一直如我认识的那样明媚。”柚离 @ 宁波，2013.6.26。

“君不见，外州客，一回来，一回老。短短几日，喜欢上这座城。”柚离 @ 西安，2014.9.30。

“佑你平安喜乐，在路上的时候，高反又生病，很辛苦很想你们，但似乎，那种时候的想念更为深刻。”柚离 @ 西藏，2015.7.24。

“狂欢节，我在餐厅给你写卡片，一切安好，愿你也是。”柚离 @ 科隆，2017.11.11。

……

一瞬间，时间猛地倒带，回忆翻涌。

记得上大学时，有一年陪她过生日，不胜酒力的她猛喝了很多酒。

在 KTV 唱歌、摇骰子、嬉戏打闹混杂的背景音里，她小声地念叨：“柚离呀柚离，柚离的柚，离别的离。爸爸死了以后，我给自己改了名字，这个名字是我给自己取的，我可能注定要当一个颠沛

流离的小柚离，对人情淡漠的小柚离。可尽管如此，我还是想奔向自己渴望的远方，想飞到很远很远的地方去。”

在我心里，柚离一直是那个很勇敢、很有魄力的女孩子。

不管是在经济极端困窘的情况下排除万难地完成学业，四年里修完了双学位，拿到优秀毕业生的证书；还是毕业后，一个人单枪匹马地跑西安、西藏、新疆、云南、柬埔寨旅行，奔向一个又一个未知的远方；还是后来当了几年村官后又毅然放弃安稳生活、放弃编制，重考德福，完成去德国留学的梦想。

她想追逐梦想的时候，从来不会等到万事俱备才开始。

02/

柚离很小的时候，爸爸就去世了，她记得妈妈拉着她的手去派出所注销户口，哭得手抖，哭到昏厥，哭到一个女警察慌张地跑过来安慰。她关于爸爸的记忆很模糊，可越是模糊越是想念。

爸爸走了后，家里的经济更困难了。妈妈只读完了小学，只能打点零工，艰难维持母女二人的基本生活。有段时间交学费都困难，家里亲戚能借钱的，基本都借了一遍。

开始大家也都秉承着一家人能帮一点算一点的原则，日子久了，亲戚的脸色也不好看起来，逢年过节打照面时，话里夹枪带棒的，她懂那些话背后的意思。

这些她都能理解，人活着，本就是八仙过海各显神通，谁都要先看顾好自己。

她不怨天尤人，学业上也从没懈怠过，经济上再困难，她都没动过辍学的念头，从没说过大不了读完高中就辍学去打工这种傻话，始终保持着年级前三的纪录。

她一定要靠读书出头，以后赚很多钱，让妈妈过更好的生活。妈妈辛劳大半生，至少晚年要享福。

她最讨厌“寒门难出贵子”的草率论断了，她告诉自己，一定要做出点什么来。

她深信有些鸟是关不住的，它们属于天空，注定要翱翔。

凭借着优异的成绩，加上班主任很帮忙，找到了一个资助她读书的好心人，柚离顺利地从中学读到了大学。大一下学期，资助人公司的资金运作出了点问题，没法再资助她了。

收到短信的柚离，正在图书馆里上自习查资料，准备选修课的学期论文。

她把思绪从一堆学习资料里抽离出来，发了会儿呆，看了看窗外夜色初上的斑驳树影，看了看身边坐着的同学，有人专注地奋笔疾书，有人认真地玩着手机，有人呼呼大睡。她知道，这不会是故事的终点，江湖路远，风波难免，她的未来还很长很长。

她忘了从几岁开始就懂得，过度的情绪消耗毫无意义，难过了半小时后，就整理好了心情。

她赶紧用手机查助学贷款的办理流程，但助学贷款就算申请下来，也只够学费和住宿费。她又赶紧在纸上写写画画做预算，盘算当家教存下来的钱跟第一学年的奖学金加在一起够不够她下个学期的生活费。如果这些还不够，她专业课的笔记一向做得极好极细致，稍加整理就能挂到网上卖，这样又多出一笔钱来。

上外教课，玩了“国王与天使”的游戏。Ella 是她的国王，她是 Ella 的天使，她要给国王准备一份特别的圣诞惊喜，只能从 12 月的饭钱里面扣出来了。

再不然，圣诞节提前批发点苹果，买点好看的卡片纸，设计好包装再拿出去卖?

其实，贫困生是可以申请学费减免的，但她不想，她不想让自己有任何差异化。

对于柚离来说，过去十几年，贫穷导致的尴尬和麻烦不断，如扎进十指的尖刺，经常隐隐作痛，却难与人言。

大学里追她的人不少，可她从没松口和谁恋爱，因为她害怕被感情牵绊住。她从进德语系的第一天开始，就做好了将来要出国留学的打算，就算谈了恋爱，以后也很容易分手，就不耽误彼此的青春了。

柚离的文采和口才都不差，但骄傲不让她说这些。

她故事里的那些细节，是她出国前来上海考德福，我们吃完饭在外滩闲逛时忆往昔聊出来的。

骄傲的人不怕吃苦，他们更怕被别人看见他们在吃苦，等命运把他们摆渡到了绝对安全的区域，他们才有可能将曾经的满腹心事与人言之一二。

越是经济困难，她越要内心富饶。她一直假装自己是个被爱包围的小孩，每年的生日和圣诞节，她会假装爸爸的语气，想象着他会用的笔迹，用男人的语气给自己写明信片。

在跟贫穷和麻烦斗智斗勇的过程中，她还发明了很多专属自己的小幽默，分别用“北半球穿袜子大赛第一名”“德意志烤箱魔术师”“老干妈死忠粉”“暂未成功人士”“做个俗人，贪财好色”等当过朋友圈的个性签名。

聪明漂亮家境好，顺风顺水光芒璀璨的人生谁不想要？

不论学业、工作、婚姻，都有人早早地帮你铺好了路，建好了桥，雕梁画栋，万事俱备。

但又有几个人生来万事俱备呢？

大部分人空手而来，孑然一身往前冲，赤手空拳打天下。

他人的眼睛是我们的监狱，他人的思想是我们的牢笼，但一个人最大的牢笼是自己造的思想监狱。

定义你是谁的并非是身份证号码、户籍所在地和银行卡余额这些表面的东西；那些你想要做成的事情，你做成了的事情，你处理问题的方式，你对待他人的方式，才真正定义了你是谁。

比贫穷更可怕的是，完全接受了“穷人”这个人生剧本。

好在，柚离没让“匮乏感”阻碍自己往前走。她用自我的丰盈和对未来的畅想，打破了“匮乏感”的桎梏。

如果她只相信万事俱备才开始的人生剧本，没钱就不配读书，每次都先凑满所有学费再去学校，她可能连高中都没信心读完。

如果她只相信万事俱备才开始的人生剧本，没钱就不配旅行，不配拥有美好，她就不可能在还着助学贷款和家里亲戚欠款的情况下，自由行去看她想看的世界。

如果她只相信万事俱备才开始的人生剧本，被穷人没有审美不配搞艺术的迷惑言语洗脑，就不会在大二的时候果断加入摄影协会，用打工攒了很久的钱，买来了人生的第一台单反，就不会成为后来我们学校摄影协会的某届会长，更不可能在毕业前夕在学校的学生活动中心办摄影展。

如果她只相信万事俱备才开始的人生剧本，没钱就不配有留学的念头，她就不会利用在西部偏远地区当村官，每天忙到四脚朝天那几年的空余时间，挑灯夜读，备战德福，提前预习德国的商科教材，更不会顺利地留学去看更广袤的风景。

她要的不是低配人生，她要的是成为 1%，她自己就是东风。

03/

有句有名的英文谚语，“Fake it till you make it”。

这句话流行的中文翻译有两种，一种是“伪装一切，直到你成功”。

在很长一段时间里，这句谚语是硅谷人心中秘而不宣的成功秘诀。硅谷的企业创始人们在见投资人之前，一定会提前编好一个华丽的故事，听起来能自圆其说的故事，通过这种方式做企业公关，寻求投资，广纳人才，吸引商业合作伙伴。他们还会在见完一个又一个投资人之后，描枝画叶，丰满故事，迭代故事，直到在现实中追赶上当初定下的目标、夸下的海口，实现它。

史蒂夫·乔布斯和埃隆·马斯克都是践行此语的正面典范。他们两人，一个让苹果手机（iPhone）成为世界范围内流行的智能性手机，每年的发布会万众瞩目；一个让电动汽车成了无法逆转的趋势，更让登陆火星成了全球富豪们追逐的新潮流。

商场上，十个项目九个黄，项目那么多，凭什么把钱投给你？商场云谲波诡，瞬息万变，辉煌的未来蓝图那么多，凭什么就得跟着你干？

在商业世界里，“Fake it till you make it”在一定程度上是必要的，它能有效地为企业做公关，网罗八方资源。但“伪装”跟“欺骗”有着微妙的差异，并非每个创业者都有着很强的道德约束力和时时拂拭价值观的主观能动性，能够把握好这种微妙的尺度差异。

因信奉这一秘诀而翻车的例子也不少。

硅谷创投圈里曾经的神话企业家——伊丽莎白·霍尔姆斯就是一个典型。她是斯坦福大学的辍学生，曾创办了血液检测公司Theranos，凭借“抽一滴血就能做复杂血液分析”的商业构想，成功忽悠到了45亿美元投资，一跃成为2015年的全美第一年轻富婆。但后来，她的谎言被媒体戳破，公司核心业务涉嫌欺诈，90亿市值一夜蒸发，伊丽莎白本人更面临着11项欺诈和共谋欺诈的指控。

所以，我更喜欢“Fake it till you make it”的另一种翻译，“一直假装，直到你真正做到”。

这句话不是让你去伪装自己、欺骗他人，而是教你如何做好自己的心理建设，告诉自己“我可以”，说服自我、鼓励自我、挑战自我，去完成现行条件下似乎很难完成的事情。假装以后去行动，持续行动，改变自我，提升自我，才是要义。如果假装完什么也不去做，那一切都还是如梦幻泡影，什么事都做不好。

读大学的时候，为了攒钱去旅行，我也做过很多兼职。

我记得2010年前后，在宁波发一天传单大概是50块；在商场里当促销员，从早上10点到晚上9点，一天80块；做英语家教，2小时100块。当然，我印象最深的兼职是当临时导游。

有一次，我临时接到了一个去九龙潭带团的活儿，一趟150块，那时候算高薪了，包含来回路上活跃气氛、景区内讲解带路，以及下个月新路线的推荐。

我以为公司会有新人培训，会安排导游事先踩点，做好准备工作，然而旅行社为了节约成本，根本就没给我踩点的机会。我说不知道路线怎么带呢？对方说，你自己网上查查资料，在宿舍多练练。

带团的前一晚，我在网上搜了很多关于九龙潭的景区资料、传说故事，从别人的游记里面扒拉景区的路线图，看网友的航拍找方向感。梳理完零碎的资料以后，我写了一个带团的脚本，想象自己是个经验丰富又风趣幽默的导游。

于是，第二天上车没多久，我这个兼职导游就开始入戏了，点名、核对名单、带着大家玩互动游戏。到了景区里，每次大家休息的时候，我都会快速地奔向下一个景点，大致盘查路线以及速记景区里指引牌上的景点资料，就这样非常顺利地完成了当导游的初体验。

那次是学生团，结束的时候，大家还很开心地跟我合影，有个男生还追问我当导游多久了，怎么知道那么多奇奇怪怪的故事，我笑了笑，心想，感谢搜索引擎和我这个还算记性好的小脑瓜。

在我过往的人生经历里，“假装自己很厉害”的“fake 哲学”真的很有用。

众所周知，国内的广告公司真的很喜欢中英夹杂。外面的人会误解，觉得广告公司的人都喜欢装。其实不是的，国内的现代广告业是建立在西方的经济理论基础上的，文化有壁垒，翻译有局限性，很多英文术语不如不翻译，因此广告公司里喜欢讲英文就不奇怪了。

毕业后，我跨专业进了广告公司，刚开始陪客户总监去开会的那段日子里，做会议纪要的同时，每天都能记满一整页听不懂的专业术语和听得似懂非懂的中英夹杂词。

职场上不懂一定要问，但社会跟学校不同，上司跟老师也不同，没人有义务教你，你不能一直问问题，得自己去解决问题，不然其他同事真的会怀疑你的智商跟专业水平。

所以，我就自己查资料，下载了很多个版本的《英文广告术语大全》，把广告学的书单找出来看。

同期进公司的另外几个新人很羡慕我，觉得我好像几乎没有过渡期，工作很快就上手了。

他们把这都归功于我的英语专业八级证书，归结于我的词汇量，但其实不是的，专八只是个大概参考值，在各个专业领域里，我不认识的单词一抓一大把。

等后来我当了总监助理，帮总监一起做企业文化搭建、培训体系搭建的时候，整理出了很多适合新人的学习资料，他们才知道，原来我的看起来很厉害，是因为背后偷偷用了功。

“好风凭借力，送我上青云。”

等风来，有风来固然好，可如果风一直不来怎么办呢？

所以我才不要什么等风来，我只相信，“Fake it till you make it”，想去做什么就要去做，想要什么东西就去追，与其守株待兔问天借东风，不如对酒当歌自己造东风。

未来很长，人生很短。你要做那个敢于踮起脚尖够自己想要的东西的人。

那个人没你漂亮，但桃花运比你旺

这个时代很多事情都讲究一个“快”字，
没多少人能耐着性子喜欢一个人了。
而桃花更是一门玄学，
桃花运最旺的女生，
往往不是一群人当中颜值最高的，
而是最懂得营造自己的那一个。

//

01/

最容易暴露一个人小秘密的，除了烈酒和大嘴巴，就只有“真心话大冒险”了。

佳琦离开上海前，在松江租了一栋别墅开了一场告别派对。酒意微醺群情高涨之余，大家开始玩“升级版真心话大冒险”，对输家来说，在座其余人都是“国王”，都可以对输家提一个真心话或大冒险的任务要求。

佳琦开局就连输了三次，在场的人个个磨刀霍霍，准备深挖她的过往情史。

有人问佳琦的初吻是什么时候、印象最深的一段感情是怎么分手的。结果“出师未捷话题先终结”，当事人果断来了句：“我还没谈过恋爱啊。”

佳琦 1994 年的，还没谈过恋爱？大家都不信。东东开玩笑说，他夜观星象掐指一算，凭佳琦的生辰八字和那张脸，她的桃花运应该很旺，谈过的男朋友不会比猫力少。本来无所谓有没有男朋友、谈过几次恋爱的佳琦，被这么一说，心里突然冒出几股莫名的攀比心理和暧昧的敌意，横在她和猫力之间。

女生之间的友谊就是这么微妙，哪怕关系再好，也难免不去比较。对啊，凭什么猫力的桃花运比我旺？我比她好看啊？佳琦控制不住地想。

02/

如果不是我认识佳琦比这帮人都早，佳琦说她没谈过恋爱我肯定不信。

据我所知，她在大学时代封闭又老实，毕业后一心搞事业，可谓自毁桃花和备胎。她是那种“所有人都以为她谈了十几个男朋友、跟无数人玩暧昧，但其实孤独得像条狗的人”。

无他，漂亮尔。漂亮的姑娘桃花旺，不是理所当然的吗？

但大部分人只看到佳琦好看，却不知道她在陌生人面前基本上都是冷冰冰的，能用三个字搞定的对话绝对不超过五个字，即便对她有过好感、想追她的人，也都迅速败下阵来了。毕竟这个时代很多事情都讲究一个“快”字，没多少人能耐着性子喜欢一个人了。

桃花运似乎是一门玄学，跟一个人的长相并不成正比关系。

与佳琦相反，同一个局上的猫力，男朋友没断过，也不缺想挖墙脚的其他追求者。

经常，朋友圈里的“八卦天团”还没能成功地让她带现任参加聚会，好“严刑拷问”，发扬光大八卦事业时，她就已经带了新的男朋友现身，以至于大家经常对不上名字和人。

根据朋友圈内美女排名，单论颜值，佳琦绝对在猫力之上。但若论“桃花指数”，猫力必然一骑绝尘。

我自己小范围做过调研，发现在同一个社交圈层内，桃花运最旺的女生，往往不是一群人当中颜值最高、最漂亮的那个，多数时候是那个颜值中等及以上、在小圈子里人气更高的人。

据我圈子里的“社交达人榜单”来看，像猫力一样桃花运很旺不愁没男朋友的女生，大多有如下特质：

一、主观意愿上更愿意去社交，不那么宅。

从表面上看，每个人在恋爱、结婚时的选择对象有千千万万，但其实，我们每个人都像是生活在特定鱼缸里的金鱼，只能对身边的人产生好感，只有机会跟我们所在的那个鱼缸里的人相遇、相爱。在这一点上，国王、富豪和普通人的概率是均等的。

只不过，国王和富豪们的鱼缸更大、更富丽堂皇罢了。

桃花旺的前提是，你更愿意出去社交，愿意走出固定的社交圈层，去接触新的社交圈层的朋友，主观意志上有提升遇见喜欢的人和被喜欢、被追求的概率的意愿。

在这点上，佳琦和猫力刚好形成了两种极端。佳琦平常只爱一个人待着，休息日要让她出个门、参加个朋友聚会什么的，你得亲自去她家提溜她出门。

猫力不同，她本身就是乐于尝试的射手座，有好玩的局时，她一般都会参加，就算没有好玩的局，她也会自己去找点有意思的事情做，如攀岩、玩滑板、密室逃脱、废墟探索之类的。

她过往的几个恋爱对象也都是在一些奇奇怪怪的局上认识的。

二、爱笑，有明媚的笑容，不拒人于千里之外。

微笑是人类生理上最统一、最基本的表情，是一种温柔又有感染力的力量。爱笑的女生，不仅运气不会差，桃花运也不会差到哪里去。

罗恩·古特曼在 TED 讲台上做《微笑背后隐藏的力量》的主题演讲时，透露过两个重要信息点：

1. 微笑是一种强烈的刺激。微笑能启动大脑的奖励机制。英国相关研究人员表示，一个微笑能带给人相当于 2000 块巧克力或 1.6 万英镑产生的脑部刺激，一个微笑带来的刺激。试想一下，1.6 万英镑在你面前晃悠时，你能心情不好，你的目光能不被它吸引吗?

2. 微笑能让你在他人眼里更好看。所以，经常微笑的女孩子更容易让人心动就一点都不奇怪了。

如果总是板着一张脸的话，桃花都被“冻”走了，哪里还会有后续的故事。

三、普遍会穿搭，更偏爱沉静柔和的低饱和度颜色，人群中很惹眼。

人是视觉动物，沉静柔和的低饱和度颜色符合人类的视觉审美，有利于提升整体气质。

“莫兰迪色系”在穿搭方面的运用，算是典型案例，可温柔高雅，亦可沉静内敛。

乔治·莫兰迪是意大利著名的版画家、油画家，孤寂一生，终生未娶，用了一辈子的时间研究瓶瓶罐罐和捕捉周围生活的美，据说他光油画就画了 1264 张。

他的画作里有一种安静、直透人心的力量，从不使用艳丽的颜色，即使是绿色、红色、黄色这类理应明亮的颜色，也都是灰灰的、暗暗的，就连他画里的黑色、棕色都有一种奇妙的柔和，这种独特的高级灰色调，被称为“莫兰迪色系”。

我曾经也是黑白灰三个冷淡颜色的重度爱好者，一年四季的衣服都主打这三个颜色，简单又好搭，怎么样都不会出错。但也不知是黑白灰三个颜色自带的“冷感”使然，还是衣着的颜色潜移默化地影响了个人心理，重度爱好黑白灰三色那几年，我习惯了把自己“藏”起来，湮没在城市汹涌的人流里，藏在灰暗的颜色里，躲在黑暗的角落里，社交的欲望基本为零。

后来我慢慢开始尝试一些相较黑灰来说更明亮的颜色，像是雾霾蓝、浅紫色、柠檬黄、薄荷绿等，在人群中的轮廓和线条随之亮堂起来，心情也变好很多。

当然，除了颜色的协调性之外，衣服和配饰、鞋袜的整体风格协调也很重要。

四、注重身材管理，具有性吸引力。

性感不是放荡，而是一种蛊惑人心的美。性吸引力不是简单的高矮胖瘦可以定义和形容的，也绝对不是穿得少、露得多，有性吸引力的女性一定是由内而外散发出一种自信、自如的魅力，也能坦然地面对身体的美和缺陷。

五、懂得聪明地示弱，温柔是最厉害的武器之一。

女生固然应当生活独立、精神独立，但“独立”并不意味着要把自己活成一座“孤岛”。如果真的遇到了心仪的、有好感的男生，给对方一个接近自己的机会也未尝不可。

秋水映弦月，几分萧瑟。海棠开几朵，各含春色。

其实不必纠结谁比谁的桃花旺，管好一方水土，自己的桃花朵朵开就行啦。

成年人的喜欢和拒绝
都是心照不宣的

当你见过自己被认真喜欢、认真对待时的样子，
被很好的恋爱关系治愈过，
就没办法再接受敷衍的感情。

不是我们挑，也不是我们找不到，
只是我们还没遇到自己想要的。

//

01/

据我观察，长期单身的人大抵分为三类：第一类，当下的重心在学业、事业、创业或别的事情上，谈恋爱耽误他们拔剑的速度，暂不考虑；第二类，年少时遇见过太惊艳的人，心里装着不可能的人，耿耿于怀，他们还没办法去进入一段新的感情里；第三类，过把嘴瘾就好，嘴上想恋爱想脱单，但从来不努力，工作之外不社交，周末基本不出门，压根儿没给爱神丘比特射中他们的机会。

恋爱这件事的排序在以上三类人心里都比较靠后，所以不在本文讨论范畴之内。我更想探讨的是，为什么那些谈恋爱优先级高，

也愿意出去社交的人，也没办法谈成恋爱呢？

近年来，单身江湖里涌现出两大声势浩大的门派，一派以找男朋友为核心目标，另一派以找女朋友为核心目标。这两大门派对“爱情”这一神秘议题，充满幻想和期待，却又各找各的，互不干扰。

越来越多的年轻人，不小心就流浪到爱情江湖里的孤岛上，单身成谜。

越来越多的年轻人，陷入一种“不方便与人言的感情里”，陷入介于“暧昧”和“男女朋友”之间的，说不清道不明的感情里，稀里糊涂地开始，稀里糊涂地结束或被结束。

“你说我们这算什么”成了两性关系里的普遍困扰。

针对爱情婚姻的普遍困境，社会学家沈奕斐认为，今天的爱情和婚姻之所以这么难，是因为我们“双标”和“既要又要”。她指出，当下的爱情模式存在“新旧脚本的混杂”——人们希望获得爱情的自主性，但又对旧式爱情的不费吹灰之力和稳定性恋恋不舍。

恋爱难，连开始都难，但最大的难点在于“以自我为中心”的观念占据上风。

每个人都想要独一无二的感情，都想要成为谁的偏爱，都想要对方更多的投入，但自己却只把恋爱对象（含潜在恋爱对象）当成“爱情挂件”，当成一个呼之则来挥之则去的可炫耀的“装饰品”。

自己对感情的卷入度都不高，又凭什么期待“沉浸式恋爱”，期待好的两性关系体验呢?

02/

分手以后，朋友给我介绍过两个男生，一个叫他Y先生，另一个叫他H先生吧。

跟Y先生在微信上断断续续地聊了半个月以后，我们决定见面了。

第一次见面，我们约在了一家咖啡厅。那天时间很匆忙，我手里有稿子要交，他下午又赶着去见投资人谈事情，我们就吃了点简餐，喝了杯咖啡。

他对作家这个身份标签和作家的生活状态很感兴趣，一直问我写作相关的问题，还追问我在嘈杂如菜市场的咖啡厅里，真的能静下心来写东西吗?

我说看状态，状态好的时候完全不受影响，状态不好的时候可能在咖啡厅待一下午也憋不出几个字来，所以我一般都会随身携带耳机。说罢，我把他来之前刚写完的四千多字给他看了几眼。

他讲的投资方面的内容，很多在我的知识盲区，我听不太懂，不过好像挺有意思的。我对自己不懂的东西，都很好奇。

就这样，第一次见面还算愉快。

第二次见面，我们约在了一个商场，很平常地吃吃饭，逛逛街，聊聊生活琐事。没有特别的共鸣，也没什么价值观分歧。亮点在我们分别的时候。

他说了句："我们两个真在一起的话，见一面有点远啊。"

我回了句："好像是哦。"

那时我的新公司在北外滩，离外白渡桥和苏州河很近，为了工作方便，我从徐汇搬到了浦东。由于浦东太大，我自从搬来以后，就经常被我那帮住黄埔和徐汇的朋友们开玩笑，说我住到了宇宙的尽头（没有说浦东不好的意思）。Y 先生呢，住在徐汇。

浦东到徐汇确实有点距离，不过那次见面的商场在我们的中间位置，各自地铁加上步行，都要 1 个小时多一点，所以其实在这场约会里，我们付出的时间成本是差不多的。

但一段感情还没确立就开始计算，计算到这种程度就没意思了。

那时我就知道，我们不会见第三面了。

后来，我偶然跟闺密聊到这个事情，她说 Y 说的嫌远可能是委婉的结束信号，反正你们互相也没看上对方，不浪费彼此时间挺好的。

这点，我倒很赞同。

比起 Y 先生，H 先生更有意思。

我们只见过一次面，在徐家汇的美罗城，有点尴尬的一顿饭，完全没有共同语言。好像只有聊到工作的时候，我们才能勉强聊几句。

在我明确表示我们应该不会有发展以后，气氛稍微自然了一点。他跟我说，其实他对徐家汇都有阴影了，他被家里人介绍过无数个女朋友，第一次见面都是在徐家汇，但他每次都失败。

于是我出于作家的敏锐和探究欲，开始听他跟各种女人相亲的故事，距离最近的一段是和一个空姐相亲。

然后他就开始跟我说，他跟这个空姐见了几次面，花了多少钱。

我比较惊讶的部分在于，他对于开支记得那么清楚。

首先，我实名反对拜金女。男的如果觉得相亲对象或者交往对象是拜金女的话，完全应该早点拒绝早点脱身的，跟相亲对象吃饭AA制也完全没问题。但问题在于，在上海这种高消费城市，一顿饭300元，人均150元只是很普通的水平。人家空姐想当拜金女也不会是这种方式，她有更好的选择。

那次以后我确信了，网上某些男性情感博主说的话原来是真的，有一类男人在感情里是十分算计的，他们对身边路过的每个女人都有着严谨的成本评估。

他们不是在谈感情，而是在做生意。先掂量掂量对方值多少，再决定自己给多少。

我觉得这种过度物化的感情很可怕，像奴隶制社会的人口买卖一样。

经过上面两件事情以后，像拆盲盒一样被人介绍对象去相亲，在我这儿基本上走到了历史的尽头。

我更加确定自己想要什么样的感情，我更加确定自己想要什么样的另一半。

我还是更喜欢自然而然的遇见，自然而然的相处，自然而然的感情。按我这个宁缺毋滥的脾气，我是绝对没办法当别人的“爱情挂件”的，不管结局如何，我都只接受“沉浸式恋爱”。

03/

曾经有人在我的某篇文章下面留言：“你不要那么挑，人家喜欢你，本身素质也不太差，你只要一般般喜欢人家，就可以答应人家了。”

那阵子，我在感情的暴风雨期，在新旧爱情脚本的挣扎期，我也有过怀疑，是不是我真的太挑了？是不是我这样的女孩子都太挑了，所以找不到男朋友？

但我后来发现，不是的。不是因为我们挑，所以被剩下来了，只是我们没遇到自己想要的。

答案就这么简单。

由俭入奢易，由奢入俭难。并非我喜欢将现任跟前任做比较，并非我刻意在追逐小说里描述的矢志不渝的爱情、择一城终老与一人白首的爱情，只是我见过自己被认真喜欢、认真对待的样子，见过自己满心满眼都是另外一个人的样子，只是我被好的恋爱关系治愈过，就没办法再接受敷衍的感情和“差不多先生”了。

我还拥有爱一个人的能力，还愿为爱付出，还敢为爱飞蛾扑火，凭什么要将就呢?

就算人生只是一场戏，我也想找一个旗鼓相当的人演对手戏，才不浪费我的恋爱天分。

有太多自我至上的人，想跳过爱情的过程，想跳过那些试探、了解与暧昧，想跳过那些互相的理解、陪伴与支持，想跳过那些心动、思念、纠缠、痛苦，直接拥有结果，直接拥有风花雪月、良辰美景和为他死心塌地的另一半。

然后，在俗世里，他们戴上爱情这个挂件，招摇过市，耀武扬威。

那么我想反问一句，你凭什么呢?

不要以为在爱情上不肯将就的只有女人，男人神经大条不如女人敏感细腻，但他们对爱情也是有要求的。爱情一定要交互，一定要有来有往、礼尚往来才有意思。

无论男女，单方面地消耗别人，到最后都很没劲。

安妮是朋友圈的单身女贵族，1995 年生人，年轻漂亮，拥有好看的马甲线，跟朋友一起经营一家舞蹈工作室。每次出现在社交场合，她身上都挂满男人移不开的目光。

她工作之外的生活，跟小红书上的精致网红差不多，逛逛街，喝喝下午茶，拍拍照，修修图。

心情好了，就叫个人出来约会，或者帮她跑跑腿，拎拎包。

追她的男人很多，每星期约会不断，她很享受这种过程，享受这种像古代皇帝翻牌子一样的乐趣，她甚至举办过一场火药味极浓的生日派对。

她租了一栋在陕西南路附近的别墅——闹中取静的老洋房，除了邀请几个当网红的好朋友，和我们这些偶然认识、半生不熟的新朋友之外，把那阵子对她有意思、展开猛烈攻势的男人们都邀请了。

那天的下午到晚上，真叫一个精彩。

太多的眼波流转、目光厮杀和拆礼物环节，以及男人们之间的暗暗较劲。

我简直像看了一场情节跌宕起伏的舞台剧。

生日会过后，安妮身边围绕的男人变少了，献殷勤的也变少了。

据说那些男人们三三两两还私下见过，有的一起打过球，有的一起喝过酒，后来达成了一致——世上森林无数，安妮只不过是钓着他们玩的，所以他们也没必要再浪费时间了。

从那以后，安妮觉得日子好像少了点什么。她很烦恼，跑过来跟我吐露心声，她说，其实她很想谈恋爱的，认真谈恋爱谈到结婚，就是一直没遇到真正心动的人。这些男人怎么连一点考验都经受不住呢？

我心想，大家都是一座山上的狐狸，都在上海混了这么多年了，装什么天真呢？

不过，她想继续演，我也就不揭穿，陪她演“一片冰心在玉壶”的纯情戏码，只是附和着。但是她把我当情感垃圾桶的次数多了之后，有次我实在憋不住了。

我很直接地说：“其实你如果说，你就是享受游戏人间的感觉，我会更欣赏你一点。你明明还没有想安定下来，又何必用渴望安定的漂亮话去包装你在爱情上的贪婪呢？明明一个男人的讨好根本满足不了你。你就是喜欢当骄纵大小姐，就是喜欢看他们鞍前马后讨好你的样子啊！”

她沉默了很长时间，还好隔着微信，不然气氛一定非常尴尬。

后来很长时间，她都不找我聊天了，估计被我气坏了。

再后来的某天，她忽然给我发了一条信息：“其实你不也是？明明内心戏多得要死，交朋友要求很高，但表面上跟谁都处得来，私下里一点小事让你觉得对方人品有问题，你就把人拉到心里的黑名单里了。你不也很作？”

我回她：“这个我承认，我可以检讨，我也很作，我这个人交朋友确实又包容又挑剔。”

末了，她又回了我一句：“不过我喜欢你讲真话的样子。你要是经常像上次那样讲话，应该很酷。”

我说：“那肯定啊，酷到没朋友。”

说完，我们各自哈哈哈。

这事儿就算过去了。

事情很容易过去，但道理不会轻易改变。

你把别人捧在手心里当稀世珍宝，别人应该也不好意思用拿你当“爱情挂件”的态度敷衍你。

我见过接完这单就不接单的出租车司机，他说女朋友快下班了，他得买好夜宵去接她；我见过从宽大外套里掏出帽子和毛绒手套，递给喜欢的女生的外卖小哥；我见过因为男朋友胃不好又不爱吃饭，黏黏糊糊打了四十分钟电话，就为了叮嘱他好好吃饭的女生，甚至让男朋友在吃饭的时候跟她开视频，防止他作弊；我见过逛商场的时候，全程紧紧手拉手，在狭窄扶梯上也要手拉手的老人家。

我们之所以渴望爱情，是因为有人得以牵挂、有人得以陪伴、有人得以照顾、有人可以随时随地分享生活的时光，真的很美好。

我们贪恋那些治愈人间的小美好，所以我们更加不该忘记，真心要用真心去换。

自己在感情上吝啬得不肯付出，只会做恋爱的假动作，就别抱怨没有对象、没有恋爱谈了。

对不起，没人要当你的“爱情挂件”，我只想当谁的第一名。

人生而孤独，你我生活得并不悲壮

孤独让我们有更多的时间、精力和空间来认知自己；
孤独让我们有更多的机会用来思考人生；
孤独让我们有动力去触碰新鲜的事物。

我们不如在内心深处先认可孤独，
承认它是构成生命不可或缺的一部分，
再慢慢习惯孤独，从而享受孤独。

//

01/

现在是北京时间2020年2月13日19点05分，当我吃完家里最后一碗方便面仍觉得饿的时候，我知道我该出门去采购点干粮了。

很喜欢新买的那双黑色细高跟鞋，以至于我站在鞋架前凝视了它很久。

大约45秒后，我的右手越过它，拿了另外一双平跟的黑色短靴，只因为意识到待会儿要一个人拎着很多东西爬楼梯。

过年期间，超市的打折活动很多。原味吐司面包买一送一，保质期到本月 16 日；960ml 纯牛奶买一送一，保质期到本月 19 日；而我最喜欢用来代餐的优酪乳也是买一送一，保质期到本月 21 日。可我粗略地估算了一下，我一个人一周的早饭根本吃不了这么多，于是照例每样拿了一件放进购物车里。

原来，除了麦当劳的第二杯半价，世界上还有一种孤独，叫作你明知道有些东西买一送一很划算，却还是只能买一样，只因为你一个人消受不起。

02/

买完东西从超市走出来，外面下起了蒙蒙细雨，而我没带伞。

看了一眼腕上的表，北京时间 20 点 33 分，离 2 月 14 日情人节还差 3 小时 27 分。

两个红绿灯的距离，好像没有必要打出租车，况且下雨天也不好打。于是，我淋着雨，拎着一袋沉甸甸的东西慢慢地往回走，冬日里的清冷不识相地扑面而来。等冷风钻进衣领里，我才想起来，上海中心气象台今天发布过寒潮预警，说是 48 小时内降温可达 9—11℃。

前几天天气晴好，阳光普照，为什么临近工作日却气温骤降，又是风又是雨的？

想起读书时美文赏析“环境描写在本文中的作用”一题的标准

答案：恶劣的环境能够渲染悲凉的气氛，与主人公忧伤的心理相呼应，揭露了凄惨的社会环境，暗示了人物的悲惨命运……

对哦，如果不是这样，电影、电视剧里也不会但凡主角遇到点凄惨遭遇，镜头里面就会下起大雨了。

就这样一个人走着。冷清吗？有点。孤独吗？也有点。

但是，没有人知道，我已经喜欢上了下雨天，尤其是这样安静的下雨天。

雨声让我安静，孤独让我清醒。心里面慢慢升腾起氤氲的雾气，把所有深深埋藏的惆怅掩盖，最终一层又一层缠绕，在心脏内壁上形成保护膜。这个时候的我会变回那个独立自主、坚强勇敢、没心没肺的姑娘。

03/

去年7月的一个晚上，我还在赶我的第一部书稿，微信提示音响了一声，远在南半球读书的朋友发了一张照片给我。照片上，阿光穿着蓝色破洞牛仔裤、白色球鞋，站在雨中，衣服和鞋子都湿透了。

阿光问："Summer，你孤独吗？你孤独的时候都怎么办？"

我本能地拿起手机准备给他回信息，思绪却僵住了，一不小心碰倒了放在桌上的马克杯，咖啡洒到了键盘上，之前翻开写了几行字的日记本也未能幸免。

没法直接给出答案的我，只好先转移话题："墨尔本又下雨了？你怎么不打伞呢？"

他说："没事，就是想淋雨了，忽然想体验你曾说过的下雨天'潮湿的思念'是什么感觉。"

他说，他开始怀疑，为什么要一个人跑到南半球来，鬼都知道，他并不爱读书，这里也没有他牵挂的人，仿佛当时出来的决定只是一念之差。

他说，墨尔本的天气永远诡谲多变，经常一天能跨越春夏秋冬，在冷热交替中穿梭，从来不会随着季节更换衣服的他，开始怀念老妈的唠叨。

他说，不管去哪个国家读书，留学圈子都比想象中的窄，老外的派对上大部分都是他们同肤色的人，那些留美、留欧的同学境遇也不比自己好。

他说，Summer，你孤独吗？他忽然感到很孤独！

04/

我孤独吗？如果我说不，那我一定在撒谎。

朋友圈里有一个人分享了两段《老友记》里的视频，一段是感恩节那天乔伊想吓唬钱德勒，结果把头卡在了火鸡里；另一段是莫妮卡为了哄钱德勒开心，头顶火鸡跳起舞来，结果刚从外面回来的乔伊被吓了一跳。

一点开视频，我就笑了，可没多久，笑容就凝结在了脸上。大学时代，和我宅在宿舍里一起看《老友记》的人，现在一个在哈尔滨，一个在长春，一个在北京，一个远在德国，我们就这样散落天涯。

原来，有一种孤独，叫作你突然想起了一个搞笑的梗，转过身却没有人可以一起分享。我开始怀念那些只要一个转身、一个眼神就可以领会一切的美好时刻。

最好的朋友 S 和 Y 一起去旅行了，在朋友圈连发合照，配的文字是我不知道的故事情节，连评论区的频繁互动都是我看不懂的加密文字。

你看，明明照片上的每一个人我都认识，但是我并不了解她们到过哪些地方，遇见了哪些人，又发生了哪些新奇的故事。

原来，有一种孤独，叫作熟悉的人变得陌生，分开以后，你的生活我再也参与不了，你后来的世界里有太多的“我不知道”。

那天校友聚会，大家天南地北地狂侃，从国家政治、经济的热点话题聊到明星八卦，最后话题落到感情上。当他们知道我还是一个人之后，全场几乎都联合起来对我进行洗脑：我们都是过来人了，你不要对爱情有太多不切实际的奢望，婚姻和爱情是不一样的……

我坐在那里静默，听他们每一个人滔滔不绝地指点我的人生……我知道他们都是为了我好，可是那个瞬间我真的很孤独。我只是希望能跟自己喜欢的人在一起，只是希望将来我的婚姻是基于爱情，难道这样错了吗?

一心想要面包的人，你不能逼着她有情饮水饱啊；同样，一心想要爱情的人，你也不能逼着她每天啃面包啊。更何况，这个世界上的大多数人都是贪心的。如果可以，爱情和面包我们都想要，实在不能兼而有之的时候，我们才会想着取舍。

原来，有一种孤独，叫作全世界的人都在催你恋爱、结婚，却很少有人真正关心你在想些什么，你到底想要些什么。

这样孤独的瞬间，还有很多。

05/

我好像真的很孤独，可这就是人生啊，每一个人都是孤独的灵魂。尤其是，当你下定决心去做某件事情，或者心里装着没有人能理解的期许时，那种孤独感更加强烈。

小天在北京，今年开始备战研究生考试。他属于天生爱玩、爱闹的外向型人格，班级、社团、学院里的朋友一大堆。他们整日厮混，无心学习。他这次下定决心考研后，索性在学校附近租了一间房，闭关学习。

这段时间，每当眼睛疲劳、思维麻木的时候，他就盯着窗外发呆，看天空里飘过的云、看花坛里的树、数着楼下路过的行人和偶尔停留在窗台上的麻雀成了他最大的消遣。他有时自嘲地想，这四四方方的一间房，还有这窗外的防盗网，都是刻意加给自己的牢笼。

可是，人总要学会长大，每个时期都有不同的孤独，习惯了就好。

他说，长大以后的他才开始懂得“少年不识愁滋味……为赋新词强说愁。而今识尽愁滋味……却道天凉好个秋”这几句词的真正含义。

Allan 是个典型的 IT 男，单身，目前在上海工作。

工作之外的大部分时间，他喜欢一个人宅在家里：有时打一天的游戏；有时看一天的动漫；有时甚至练习用左手跟右手下棋……不想跟人打交道的时候，他会很自然地拿出手机，一个人跟语音助手贫半天，以此为乐。

对了，他给自己的左手和右手分别取了名字，一个叫阿左，一个叫小佑。它们一个孤僻，一个开朗；一个冰冷，一个炽热……就这样，他经常能自己跟自己玩。

阿 Lin 在广州的一家公关公司上班，一个人上班、下班、吃饭、逛街、看电影……

出门前，她习惯了在大包里装一本书或杂志，这样，她去餐厅吃饭、泡咖啡或者上洗手间的间隔，就把书或杂志放在桌子上，这样别人就知道这个位子还有人在。

生病了，也一个人拖着虚弱的身体去医院，排队、挂号、打点滴……然后再一个人打车回家。

对了，她有两个 QQ 号，心情不好或者感到孤独的时候，会把两个账号都登录上来，用一个账号跟另一个账号聊天。一个会说：心情不好，不想说话。而另一个则立刻发过去几个抱抱的表情，说：没关系，有我陪你。

每天出门前，她会轻声说一句：我去上班了。从外面回来了，也会温柔地说一声：我回来啦。

可能她是在跟自己养的小乌龟说话，也可能只是自言自语而已。

06/

你看，其实每个人的生活都是孤独的。就连这天上的星星也一样，看起来都挤在一起，可是每一颗都至少隔了十万八千里。

这个世界上，没有任何一种语言叫作“你肚子里的蛔虫”；这个世界上，没有任何一种感受真的能感同身受；这个世界上，也没有任何一种陪伴能做到从始到终。

在这个瞬息万变、光怪陆离的人世间行走的每一个人都是孤独的，出生和死亡的道路都是孤独的，一个人来，一个人走。而我们在人生旅途中遇到的人和邂逅的风景，也都只能在某个特殊的阶段里陪伴我们，每一个人的悲欢离合书写的都是差不多的故事。

大概是因为人类天生喜欢戏剧化，说到底每个人的痛苦都是自己给自己的，孤独感也一样。我们天生喜欢表演、喜欢渲染、喜欢跌宕起伏的剧情，从古希腊的戏剧到中国古代的戏曲，从莎士比亚到王尔德，从王尔德到萧伯纳，我们喜欢戏剧化的天性并没有改变过。

我们特别喜欢悲剧式的英雄，很容易用“悲剧式的口吻”来描述简单的日常生活，仿佛这样就能把原先那个“自我”的人格剥离出来，轻而易举地拥有另一个截然不同的人性。

看悲剧并不能使我们难过，真正让我们难过的是“移情”，是把自己的情感和生活代入剧情中。

你看，我就是故意的，这篇文章从开始到现在一直在刻意渲染，好像很孤独、很悲伤的样子，但其实我笔下描写的不过是再寻常不过的生活。可是，人生而孤独，你我生活得并不悲壮，没有必要这样过度渲染。

一个人走漆黑的夜路，心里更要装着光和亮。

不如，我们都勇敢一点儿，也对自己更坦诚一点儿，承认吧，我们并没有那么孤独，大部分的孤独都是我们自己臆想出来的，只因为我们喜欢置身戏剧化当中的感觉。

孤独让我们有更多的时间、精力和空间来认知自己；孤独让我们有更多的机会用来思考人生；孤独让我们有动力去触碰新鲜的事物和维度。

孤独简直太棒啦！

我们不如在内心深处先认可孤独，承认它是构成生命不可或缺的一部分，再慢慢习惯孤独，从而享受孤独，怎么样？

好好爱自己，
就是在告诉别人如何爱你

你总是丑话说在前面，
可丑话说多了，人会变丑。
我希望，你在人间烟火里行走，
面朝星辰大海，常遇心地善良和四季如春。
你永远不知道自己会花多长时间爱上一个人，
永远不知道自己要花多长时间忘记一个人，
永远不知道为什么曾经爱得死去活来的两个人，
相看两生厌，甚至恨不得从未相遇。

//

01/

你一定有过这样的时刻，当别人指着你的痛处哈哈大笑时，你在一旁若无其事地跟着笑。你很害怕别人说你开不起玩笑，于是你笑弯了腰，笑得连眼泪都出来了。

生活中的你，经常用迁就别人来伤害自己。甚至等到下一次的时候，你会主动掀开衣服，用手戳着伤口，戏谑道：“你瞧，现在一点儿都不疼了。”

然后，留下那个无聊的人一脸愕然地站在那里。

你一定也有过这样的时刻，抢着把自己的丑话说在前面，只因为你害怕丑话一旦被别人说出，你脆弱的心脏会负荷不了。那些所谓潇洒的自我调侃，只不过是为了减少不必要的难堪。

每当此时，你多希望有个最要好的朋友陪在你身边。

他一定知道什么会让你哭，什么会让你笑；他一定知道戳到哪里你会痛，什么时候可以与你滔滔不绝、兴高采烈地说笑，什么时候该一言不发地陪在你的身边；他一定知道什么样的玩笑可以开，什么样的尺度你接受不了；他也一定知道你什么时候想做缩头乌龟，什么时候愿意敞开心扉……他一定看得见你明媚如春光的笑颜，也一定能注意到你在汹涌人潮里忽然阴暗下来的面容。

很多事，你不说，他也不会多问。而你一旦开口，他像是早就猜透了你全部心事，事先准备好了安慰和鼓励的话语。

你真正想要陪在身边的是这样的朋友，这个人不会武断，不会指手画脚，不会自作聪明，不会乱出主意，他比你还要清楚，你在脆弱无助时需要的从来不是一个确切的“答案”，而是感同身受的理解与支持。

02/

你一定有过这样的经历，明明很认真、很努力地做一件事情，到最后还是以失败而告终。

你烦躁不安、失落、沮丧、怨恨，甚至绝望。

你想破了脑袋，也找不到一个自己能接受的合理的解释或答案。

可是，生活最讽刺的地方在于，某些你这一辈子费尽心力想要得到而没得到的东西，有人不费吹灰之力就拥有了。他们在你面前，吹嘘炫耀，或是假装不屑一顾……于是，你不得不承认，这个世界上，很多事情不是靠努力就可以实现的。

天时、地利、人和，缺一不可，而你能够掌控的东西微乎其微。

于是，你学着坦然地面对这一切，将生活赋予你的那些好的、坏的，照单全收。等到做事情的时候，你尽最大的努力，做最坏的打算。在每一个开始前，不断地提醒自己，得之我幸，不得我命。因为那么骄傲、那么要强的一个你，会看不起自暴自弃的人，哪怕这样的念头一闪而过，都不可以。

“宠辱不惊，看庭前花开花落；去留无意，望天上云卷云舒”，“心似白云常自在，意如流水任东西”。古人感怀自勉的诗句，你反反复复地抄写、吟诵，尽可能地把它们刻在大脑里。你希望有一天，自己足够强大，在任何情况下都能安之若素。

你已经足够勇敢，足够坚强。但我更加希望你能明白，这个世界上，有很多人看着洒脱，可那些表象要么是来不及做出改变，要么是力不从心，最后只能够留给世人一张满不在乎的笑脸。这就好比那些年没有考上的好学校，没有追到的男（女）神，没有留成的学，没来得及送出的深情告别，最终都只能挥挥手，转身离去。

我希望，你的身心像青藏高原上的云朵一样轻盈，像青海湖湖边的风一样自由，像卡拉马卡瑞的海水一样清澈。

我希望，你的心上有人事浮沉的痕迹，回忆盘旋却不过度负重。

我希望，你生长在温热和希望里，沐浴在爱的绵延里。

我希望，你在人间烟火里行走，面朝星辰大海，常遇心地善良和四季如春。

我希望，你的心里住满了阳光，不受阴暗和肮脏的骚扰。

03/

你一定有过这样的经历，一句话明明心里想到的是 A，说出来却变成了 B，到了第二个人那里被理解成了 C，再传到第三个人的耳朵里就变成了 D……你怪自己口是心非，更怪别人的脑补能力都太强。

每个人都有错，每个人也都没有错。错就错在，我们每一个人都习惯了用自己的“思维模式”去“解读”别人的话语；错就错在，很多事情往往是，说者无意，听者有心。歧义和误会，很容易在弹指一挥间产生。

英文谚语有云：Put yourself into the others’ shoes（从别人的立场上去思考问题）。说起来简单，做起来却很难。

你和我都无法改变别人的脑回路，我们唯一能做的就是，尽可能清楚地表达自己的原意，不要太计较自己的话语在别人大脑里的映射。

如果，你做每一件事情的缘由都要向别人解释，那一定会活得特别累。人生，需要一点不被理解的坦然和不去解释的潇洒。愿意懂你的人，不一定每一次都能懂你，但他们一定会给你足够的信任和空间，他们心里的天平终究会向着你。

你要珍惜的是这样的人，你的解释也只需要说给这些人听。

04/

你一定有过这样的经历，没有喜欢上 A，却爱上了 B，庆幸没有被 C 伤到，一转身就栽到 D 手里。

手拿金弓的丘比特调皮又任性，小表情永远飘忽诡谲，金箭、铅箭似乎只是任由心情的变化信手射来。

所以，你永远不知道自己会花多长时间爱上一个人，永远不知道自己要花多长时间忘记一个人，永远不知道为什么曾经爱得死去活来的两个人会相看两生厌，甚至恨不得从未相遇。

一路上跌跌撞撞，背负牵扯不清的感情债。那爱情本身呢？它像是一个无底洞，永远填不满，也掏不空。

你有过这样的感觉吗？两个人谈恋爱就好像是在玩跷跷板，一个人升到了高处，另一个必然要压低姿态。他越是漫不经心、若即若离，你越是惶恐不安、小心翼翼。可是，这样不平等的爱情会长久吗？你什么时候见过签订了不平等条约的双方还能维持和谐关系的？

我一直以为，两个人谈恋爱最好的状态，就是像下象棋时有旗鼓相当的对手。一旦双方实力悬殊，胜负即刻见分晓，那就少了很多乐趣。在职场上，我们需要好的竞争对手，可帮助我们全面提升职业素养，在爱情的世界里，我们更加需要有好的对手，帮助彼此成长。

两个人在一起，就算不能心有灵犀，也至少要志趣相投吧？这样的爱情才可能长久。衣服可以混搭，但恋爱却不能儿戏。

05/

你有没有过这种感觉，你会莫名其妙地喜欢一个人，也会莫名其妙地讨厌一个人。你喜欢的那一个，不管别人眼中的他有多么不好，你依然会喜欢、维护他；至于你讨厌的那一个，可能人品、长相、家世都不差，但你就是看人家不顺眼。

怎么办呢？我只能说有种东西叫“眼缘”。喜欢的掩饰不了，讨厌的也没有办法去敷衍。

对于你莫名就讨厌的那种人，他们可能连呼吸都是错的。

但我们应当始终铭记于心的是，就算对你讨厌的人也要保持善念，因为他们并没有伤害过你，因为他们可能是另外一些人的心头之好。

不要因为莫名的讨厌，就肆意放逐你的恶意，出来混，总是要还的。

06/

在你辽阔的生命里，一定有这样的人，只要一想到他们，心里就会满溢了温暖，嘴角会不自觉地上扬。你说不清楚他们哪里好，只是深知谁都替代不了。

比如你的青梅竹马，比如大学睡在你上铺的兄弟，比如你曾经懵懂的初恋。

可能，他们是好玩伴、好朋友、好情人，你才至今念念不忘他们的好。又或者，对你人生意义非凡的那段时光，是他们陪伴在你左右。你缅怀他们，你更加缅怀自己曾经如太阳般耀眼的年少轻狂。这些回不去的往昔时光，让他们变得无比特别。

如果这些人，经历时光磋磨后，还留在你的身边，请记得好好珍惜。如果这些人，已经和你分道扬镳，那也没有关系。人生就是这样，有遇见，也有分离，有些人可以陪你一阵子，有些人可以陪你一辈子，这是时光下的魔咒，谁也逃脱不了。

无论是哪种陪伴，我们都心怀感恩，享受当下，这就已经足够。

07/

我知道，你一定有伤心的时候，有难过的时候，有委屈的时候，有强颜欢笑的时候……

我知道，我都知道。

但我想让你相信，我们每个人都是只有一只翅膀的天使，我们孑然一身地来到这个世界，就是为了寻找那个给我们另一只翅膀的人，就像至尊宝一生都在等那个给他三颗痣的人一样，虽然起初他并不明白。

我们也一定会找到那个人，我们每个人最终都会得到自己的专属幸福。

记得很久以前，有一个人在酒桌上笑言："Summer，你这么大了，还相信永远、童话和梦想这种鸡汤味浓烈的词，不觉得很可笑吗？"

我说："相信啊，为什么不相信呢？相信的话，会比较幸福。我相信，相信的人一定会幸福。"

要知道，你所生活的世界，其实是你内心的一种映射。

英国作家威廉·梅克比斯·萨克雷曾说过："生活如镜，你笑，它也笑；你哭，它也哭。"

你收获一份深情不移的感情的前提是，你自己饱含深情。遇到那个人以前，好好地爱自己；遇到那个人以后，用力地爱对方。我想要看见你幸福，我会为你的幸福鼓掌，你脸上洋溢的幸福会让我觉得很温暖。

时光那么长，一定会有人懂你的。

在那之前，我会陪在你的身边，陪你一起碎碎念，陪你一起看花开花落、春去秋来，陪你一起对酒当歌、迎风起舞，陪你一起骄傲倔强、死不认输。

你现在拥有的时光，就是最好的时光

青春，就是坐上一辆不回头的列车。
就算你回了头，
答应等你的人，也未必还在原地；
就算你为了一个选择，
而放弃另一个选择，也总会有新的遗憾产生。
就算上天让你重活一次，也不能保证一定比现在更好。

//

01/

北京时间0点58分，我收到了远在德国的秦歌发来的微信，只有五个字：老胡订婚了……

没想到消息传得这么快，原以为能瞒上一阵子的，我回了一句：“你知道了，心里难受？”

大学里，秦歌和老胡是最令人羡慕的一对。两个人在一起甜蜜的样子，分分钟可以虐死单身狗。

虽然我是女生，虽然我也谈过恋爱，但我不知道两个人谈恋爱，除了一起过生日、圣诞节和情人节，还可以用三十天纪念日、一百天纪念日、二百天纪念日等名目庆祝；不知道还可以一起存恋爱基金，用来购物、旅行，完成两个人一个又一个的小梦想；不知道就算是两个人在同一所大学读书，每个月还能发八百多条短信，打一百多个电话。

当时，我们几个好朋友还打赌，如果我们当中有人“毕婚”（一毕业就结婚），那肯定是秦歌和老胡！

结果，没等到他们的毕业结婚，却等到了他们的“毕分”。老胡以优秀的本科履历被保送研究生，秦歌则去了德国留学，两个人和平分手。

她说：“原来你没睡啊，我刚才还在想，你可能都睡下了，毕竟国内现在是半夜。你困吗？不困的话就陪我聊会儿……”

我说：“不困，刚看完一部电影，清醒着呢！”

然后，我们开了视频，开始聊天。

我说：“如果两年前，你没有去德国，现在订婚的估计就是你和老胡了。”

她说：“其实，我没有想过我们真的会分手。我心里总是还抱有一丝幻想，反正我们都是在读书，应该不会有太大的变数。以后回来了，还是可以继续在一起的。”

“可是，老胡等不到你回来了。你，后悔当初的决定吗？”

“后悔？我跟他之间，哪里是‘后悔’‘不后悔’几个字能说清楚的？”

秦歌说："我爱老胡，老胡也爱我。可我们又都不是那种只要爱情就可以的人，我们都是有太多想法和追求的人，老胡抛不下在国内的前途，我也没办法为他放弃出国的梦想。唯一的解决办法是时间，等时间安排我们重新在一起。可现在，时间不肯给我们机会，他也不愿意再等下去，我们只能向前看。不过，现在他订婚了，倒也是一件好事，至少我下次回国，不用再纠结要不要去见他了。"

我说："所以，你这算是放下了？"

她停顿了一会儿，说："嗯，放下了，可能青春就是坐上一辆不回头的列车吧。"

就算你回了头，答应等你的人，也未必还在原地；就算你为了一个选择，而放弃另一个选择，也总会有新的遗憾产生。

没有谁的青春是完美的，我们不可能得到所有想要的一切。

02/

看完《夏洛特烦恼》走出电影院，阿洛问我："Summer，如果让现在的你对十年前的你说一句话，你会说什么？"

我脱口而出："好好学习，好好谈恋爱。"

她又问："那如果上天给你一次机会，让你重走青春路，你会回去改变什么呢？"

我想了很久，才说：“不会！我不会回到过去，也不会刻意去改变什么。”

她不解，追问我为什么。

我说，因为就算上天让我重新活一次，我也不能保证一定比现在活得更好。

也许，我会读更好的大学；也许，我大学期间就能顺利地出国做交换生；又也许，我会谈一场轰轰烈烈、旷日持久的恋爱。可我总害怕，我会因此而失去一些别的东西，就像电影里的夏洛一样，当拥有时，毫不在意，甚至视之如草芥，可一旦失去了，却扼腕叹息、追悔莫及……

我曾经幻想自己是个理科天才，精通数理化，可我又害怕自己失去对文字的敏锐度，失去那仅存的一点可引以为傲的文艺情怀。

我曾幻想自己是一个富二代，不用为了钱去工作，任性地做自己喜欢的事情。可我又害怕失去通过自己实实在在的努力而得到自己想要的那种充实和快乐。

我曾幻想自己是一个超级明星，名利双收、万众瞩目。可我又害怕失去平凡人的简单幸福，不能跟喜欢的人去逛街、看电影，不能一起去泡书店、咖啡馆，不能一个人去旅行……因为那个时候的我，已经不是我，而是媒体和大众眼里的“我”，我再也不能随心所欲地过路人甲的生活，一举一动都会曝光人前。我不会再有隐私，我的家人、我的朋友、我的恋爱、我的婚姻，都只会变成媒体的热点话题和别人茶余饭后的谈资。

所以，我并不想成为任何人，也不想通过“开外挂”的方式去得到一些东西。

我只是我，一个普通的人，我只想过好一个普通人的一生。

别忘了，人永远是贪心的。而矛盾，总是对立统一的。

当我们是A时，我们会有A的烦恼；当我们是B时，我们会有B的烦恼。当我们在A的位置上时，我们总是耿耿于怀，不能拥有B，可是当我们真的拥有了B以后，我们又想拿回原先的A，或者追求新的C。

当夏洛只是一个没钱、没势、没工作的草根时，这种一无是处的状态让他痛苦，让他不甘心……即使毕业多年，他还念念不忘当年的女神秋雅，用自己老婆拔罐、蹬三轮积攒下来的血汗钱跑到秋雅的婚礼上装土豪。作为一个男人，这种活法也真是憋屈，可是怪谁呢？只能怪他不争气，自己四肢健全、身体康健，却心甘情愿地当一个靠老婆养活的废物。

当他因机缘巧合穿越回到了过去，一切就都是完美的吗？

他先是成了音乐天才，从而成了学校里的风云人物，后来又成了亚洲“音乐教父”、娱乐圈举足轻重的人物，也成功亲到了女神，终于抱得美人归，从此过上了极尽奢靡、挥金如土的生活，开豪车、住豪宅……

还有呢？

自己的女友跟初恋旧情复燃，老妈成天抽烟、打麻将，曾经最心爱的女人、唯一愿意为了自己付出一切的女人，却成了别人的老婆。这还不算最惨，最惨的是他发现自己得了恶疾，将不久于人世，一手提拔起来的小弟竟然还伺机上位，连临死前仅有的这段时光都不能消停度过。

这样的青春、这样的人生就完美吗?

真的，谁也没有必要羡慕谁。每个人的青春都是独一无二的，都是一生只有一次的疯狂历程。最好的青春就是，赢要赢得漂亮，输要输得潇洒。

我们的青春不会回头，我们也没有时间浪费在遗憾上。我想让你相信，你现在拥有的时光，就是最好的时光。

曾经有一个朋友告诉我，真正的高手，不是那些一生下来就占尽天时地利人和的人。如果你的人生上半场抓了一手烂牌，那么，你的人生下半场一定要重新洗牌。

世界那么大，
总容得下一间小小的书店

每本书都是一个神秘的异度空间，
书封像是一扇门，
每扇门后面都藏着一个意想不到的花花世界。
你拿起哪本书，打开哪扇门，
这跟你遇见哪个人一样，
都是看似偶然的一种必然。

如果每个人都是一本书，
有人是名著，有人是菜谱，有人是地图……
整个世界就是一间巨大的书店，
我们读着别人，也被人阅读。

//

01/

我在豆瓣上看到关于半层书店的推荐，因此慕名而去。

在上海，有一条号称比新天地还要小资的马路，叫哈尔滨路，它北起海伦路，南至吴淞路，全长一千米不到。周边是颇有些历史光影的老建筑，诸如当年的1913老洋行、美式建筑哈尔滨大楼，以及当年犹太人在沪避难的聚居地。

而半层书店，静默地坐落在哈尔滨路129号。

书店的入口从轮廓上看，像是错落的倒挂台阶，内部空间被划分成三个层次：一楼纵向型，二楼横向型，一楼和二楼之间还有一个悬空的小平台。

置身其间，自己仿佛也成了切割空间的重要媒介。

整体格局简单而又有层次感，有种鲜明棱角和闲适文艺调和而成的设计美感。当得知书店创始人之一赵琦是复旦大学的法学硕士，便不觉得奇怪了。

跟法律打交道的人必然极其理性，而愿意付出心血将文艺书店的梦想转换成现实的人，又必然有一颗柔软的文艺心。

可能是得益于书店的另外一个创始人韩晶（同济大学建筑学博士），书店里建筑类、艺术设计类和人文科学类的书籍颇多。

一楼主要陈列艺术类杂志、畅销文学图书和创意产品，二楼则是有点时光印记的经典书目居多。

我闲逛了一下午。见到了穿着土气、中年发福的大叔，捧着一本画册入神地看了许久；见到了打扮时尚的小男生，入店后就不停地拍拍拍；也见到了穿着白色长裙的短发女生，安静地坐在一楼，一边喝着咖啡，一边看着书，偶尔在纸上写写画画。

消磨掉的半日时光，又文艺，又烟火。

02/

徐家汇的美罗城商业色彩浓厚，总是人群交织，嘈杂喧嚣，往来不绝的是购物的、吃饭的和闲逛的三类人。而五楼的大众书局，则是美罗城里难得的一片净土。

书店连接着电影院的散场口，老式放映机、胶片原片盒、海报和天花板上昏暗的星光灯一起，很容易让你产生一种错觉：眼前的一切，都仿若刚才那场意犹未尽的电影的别样延续。

喜欢电影的人，一定会喜欢这家电影主题风的大众书局。

店里光是与电影相关的图书就有两千多种，还精心布置着奥斯卡主题专柜、国内外获奖原著作品区、经典电影图书赏鉴区和一些有意思的道具，一切都像是为电影迷量身打造的。我甚至可以想象资深影迷到了这里的表情，那兴奋的样子估计和春日里误入百花园的蜜蜂差不多。

我在店里慢悠悠地闲逛，用瞳孔跟指尖录入每一个打动我的信息，可能是一个好听的书名，可能是一个设计精美的封面，也可能是一个独特的题材。

离我不远处，一位头发花白的阿姨安静地读着王尔德的《道林·格雷的画像》。其实，我注意她很久了，她身材娇小，打扮考究，姿容端庄，读书专注的样子特别赏心悦目，以至于让她周围的一切成了不值得用笔墨赘述的布景。

我离开书店的时候，那位阿姨还在原来的位置上看书。她保持着一贯的姿势，捧着书，头微微倾斜，花白头发上落着安静的光。看着她，我忽然很惭愧，这个社会浮躁的人太多，能静下心来好好读一本书的人越来越少了。

与那位阿姨的意外邂逅，像是一道闪电，打在我总因忙碌而搁浅的读书计划上。

03/

衡山路可能是上海最有名的一条休闲街了，鳞次栉比的欧式建筑楼群、半闭半敞的围墙院落、密密匝匝的法国梧桐，处处透露着小资情调。

经常在这附近流连的文艺青年对“衡山·和集”一定不会陌生，这里闹中取静，简约时尚。“衡山·和集”从选址、装修风格、店内格局到配色都是我喜欢的，简约而不简单。

一楼是咖啡文化和电影文学结合的咖啡影像空间，二楼是建筑、摄影、绘画等结合的时尚生活空间，三楼则是杂志博物馆。

与其说这里是书店，倒不如说这是由各色书籍组成的一个独立艺术空间。每个人来了，都能从不同的维度去找到自己的最爱。

在一楼，我发现了一本很有意思的英文原版书《答案之书》

（*The Books of Answers*）。如果你有什么问题，如果你有什么烦恼，捧着这本书，在心里默念你的问题，过一会儿再任意翻开一页，你会看到一句简短的答案，就像是古装戏里救人于水火的锦囊妙计。

那时，刚好有件事情很让我烦恼，于是我就带着那个问题随意翻开了一页，几个单词安静地躺在那里：save your energy（保存你的能量）。这个答案恰好戳中了我的心。是的，我很清楚，这本书并不能给出一个准确的答案，但它会给你一个明确的提示，你看到的文字会自动翻译成你潜意识里最倾向的那个答案，近似于心理学里的自我暗示。

我把这本《答案之书》买回家，不时翻阅，总有意外之喜。

04/

你有没有试过这样逛书店，像了解一个自己喜欢的人一样去了解一家书店？

如果你这样做了，你可能会发现，它的选址、格局、装修风格、色调、灯光等，无一不写着书店的性格和主人的性格，或孤高，或谄媚，或热闹，或安静。

你有没有试过这样逛书店，像阅读一本书一样，悄悄地观察每一个擦肩而过的行人？在短暂的交集里，通过对方最显著的特点和零星的细节，解读他的性格、生活状态和那个时间段出现在书店里的动机。

如果你这样做了，你可能会像我一样，嘴角扬起莫名的笑意，那是一种专属于局外人视角的自娱自乐。

你有没有试过把最喜欢的一位作家的作品，用不同的线索连接？如书名、年份、出版社、封面、行文风格和思考维度等。

如果你这样做了，你可能会觉察到很多超出书籍之外的东西，可能会触摸到这个作家写作时的心路历程，在不同写作阶段的挣扎与坚持。

你有没有试过这样逛书店，把目光所及的书串起来看？如果你这样做了，你可能会创作出一个又一个灵动而又诡异的故事。

《阿根廷的婆婆》回忆当年的《蜜月旅行》。

《白河夜船》里藏着《尽头的回忆》。

《厨房》里有《哀愁的预感》。

《希望之国》里在放《最后一场电影》。

《所有男人都是消耗品》《所有女人都是奢侈品》。

《沉默的博物馆》里藏着《无名指的标本》，放着《青梅竹马》的《狂想曲》。

《冻结的香气》撩拨着《浮云》。

夹在一本古书里的《情书》，像是《三月的邀请函》。

《隔壁女子》在《一个人的好天气》里《温柔的叹息》。

《我心中尚未崩坏的部分》《在花床上午睡》《第一夜第二夜最后一夜》《心醉神迷》。

《请你安静些，好吗》《碎片，令人怀念的 1980 年代》。

每本书都是一个神秘的异度空间，书封像是一扇门，每扇门后面都藏着一个意想不到的花花世界。你拿起哪本书，打开哪扇门，这跟你遇见哪个人一样，都是看似偶然的一种必然。

不如哪天你也换一种方式逛书店，像我说的这样逛书店，我猜，一定很有意思。

也许，有人会说，可这有什么意义呢?

对，没有意义啊，逛书店本来就是一件没有太大意义的快乐小事。

可是，我真心以为，如果人生在世，做每件事情都非要找个沉甸甸的理由出来，那做人真的好无趣。

最后引用两句加布瑞埃拉·泽文《岛上书店》里的话：我们读书，因为我们孤单。我们读书，然后我们就不孤单，我们并不孤单。我们不全是长篇小说，也不全是短篇故事，最后的最后，我们成为一部人生作品集。

只愿你能满心欢喜地落入婚姻的俗套

关于“为什么要结婚”这件事，
每个人的答案注定会不一样。

不知道等到将来结婚时，你的答案会是什么，
我只希望你能满心欢喜地落入婚姻的俗套。

希望那场婚礼是你一心想要的；
希望眼前的那个人是你想共度一生的；
希望你们的婚姻是被祝福的；
希望你能笑意盈盈地走上红地毯，
也能在送完宾客后，轻轻地关上门，
带着温柔笑意看着房间里的那个人。

//

01/

婚礼真的是一种很特别的存在。

它能勾起年代久远的回忆，能招惹各路妖魔鬼怪，也能打破隔阂，黏合心底的碎片，更能制造幸福，让人一夜长大，从此改变两个人、两个家庭的命运轨迹。

周末我参加了好朋友托尼和小兔的婚礼，原以为自己也是见惯了这种场面的人，不会被煽情的气氛感染，但我还是高估自己了。

托尼穿着西装、打着领带，身姿挺拔地站在舞台上，音乐响起后，他深情款款地对着小兔念起了台湾著名作家蒋勋的《愿》。

我愿是满山的杜鹃
只为一次无憾的春天
我愿是繁星
舍给一个夏天的夜晚
我愿是千万条江河
流向唯一的海洋
我愿是那月
为你再一次圆满
……

当他念到“我愿是那月，为你再一次圆满”时，台下举着手机拍照的我，视线已经模糊了。因生怕被别人看到，觉得我矫情，我用力眨了几下眼睛，把眼里的蒙眬清除。

而后，小兔深情地对望着托尼，唱了一首我没有听过的歌，歌词我一句也没记住，只记住了他们两个紧握着的手。

他们都是我在上海第一家公司的同事，托尼是公司的领导，小兔是公司的行政。托尼是那种聪明有学识、逻辑极为缜密的人，而小兔声音永远轻柔，又酷爱美食和旅行，有着一颗永远十八岁的少女心。

实在很难想象，这两个人最终成了一对，他们在一起的时候也是各种不被看好。

可他们现在结婚了，而且看着还那么幸福。

他们的故事会让人更勇敢，更相信爱情。

02/

其实，我是一个不想结婚的人。我曾经也有想结婚的冲动：看到别人结婚的时候；看到新娘子穿上雪白的婚纱、手拿捧花袅袅婷婷地走上红地毯的时候；看到新郎、新娘在万众瞩目下说出一辈子不离不弃的誓词的时候；看到新郎、新娘的爸妈热泪盈眶的时候；看到新郎、新娘交换戒指的时候；看到新郎、新娘在众目睽睽下羞赧地热烈接吻的时候。

除此之外，我并不是很想结婚。可能我的潜意识里总觉得，那样的瞬间是新人最美好的时候。

车窗外的景物一直倒退，雨水有点急促地拍打着玻璃，我跟大宝两个人坐在后座上有一搭没一搭地闲聊，气氛忽冷忽热。空气凝滞……很久以后，大宝悠悠地说了一句："Summer，你说，是不是每个人最后都会落入俗套？"

我当然明白她指的是结婚这件事情。便答，会吧，因为我们大多都是俗人，最终都会落入俗套，只不过有的人早一些罢了。在落入俗套的理由上，有些人是为爱情，有些人是权衡过后的妥协，有些人是一心向往的尘埃落定，有些人是为了别的……

我转过脸，看着大宝："那你呢？你以前设想过自己什么时候结婚吗？"

大宝说："以前觉得二十六七岁都已经很大了，所以那个时候想的是二十六七岁自己肯定结婚了，说不定孩子都有了，可现在……Summer，你呢？"

我？

"结婚"这个概念对我来说有点模糊，很少去设想什么了，可能在这一点上，我注定要辜负我爸妈的期待了。可能我最终还是会结婚，只是我不能保证那个"最终"是什么时候。

我一直不敢告诉他们的是，我不想结婚，至少现在还不想。

因为，我觉得自己还是一个孩子，还有很多天真的想法，还没有办法这么快步入婚姻，还没办法真的去承担一个家庭的责任，还不知道怎样去扮演一个好妻子、好儿媳、好妈妈……

因为，我总觉得我的人生在大学毕业以后才真正开始。在那之前的我，只是顺着老师和爸妈规划好的足迹向前，并不知道前面的风景是什么，也不知道自己究竟想要什么。毕业以后的我才是真正的我，才真正开始按照自己喜欢的方式生活。一个人在陌生的城市打拼，有酸涩，有甜蜜，有过爱，也有过怨念。开心的时候很畅快，痛苦的时候也很诛心，每一天都很实在。

因为，我总觉得自己的人生还有很多的可能性，我不想这么早结婚生子，然后过一辈子平庸的生活。我觉得自己的这张纸上，还欠缺很多精彩。我想看很多很多的美景；想写很多很多的文章；想去很多很多的地方；想认识很多很多有意思的人；想听很多很多跌宕起伏的故事……

“结婚以后就不能做这些了吗？”大宝问我。

我说：“也可以啊，但是要看运气，需要平衡很多维度的东西，不会像现在这么简单。”

大宝接着说：“Summer，我想我知道我们不想结婚的原因了，当别的女生追求幸福、追求安定时，我们还在忙着追求自我实现。”

03/

被家里催婚催得很厉害的那段时间，我像是抓救命稻草一样给好友阿飞发信息：“如果有一天，我因为年龄、父母催促妥协了，你一定要阻止我！”

谁知，她竟很果断地回我：“不啊，我会劝你找个有钱的。”

我说：“我以为，你是那个唯一能够阻止我的人。”

她说：“不要给我委派这样的重任，我三观不正，难当大任。”

我说：“可能是因为我们都太穷了吧，穷到误以为钱真的能买到一切……”

她说：“我不要全世界，我只要全世界的好东西。”

我说：“有时候觉得当一个喜宝（张爱玲小说中的人物）那样的人也不错。她说过，她要很多很多的爱，如果没有，就要很多很多的钱，如果两样都没有，健康也是极好的。”

她说：“喜宝太惨了，还是别了。”

我说：“喜宝哪里惨了？有人爱，有钱花。”

她说：“可是她的真爱相当于被自己害死的，还不惨吗？对喜宝来说，也许一直没遇到爱情，可能会更好。”

我说：“没有爱的话，不会痛苦一辈子吗？有钱，却没有爱，会很孤独吧……”

她说：“人这一辈子，怎样生活都会孤独。”

我说：“可是我又想要钱，又想要爱怎么办？可以不用很多钱，够花就好，其余的生命空隙用爱填满就好。”

她突然笑了：“哈哈，贪心的女人，其实你比我要贪心多了。”

我一点儿也不想否认：“对啊，我就是贪心，又要面包，又要爱情，而且面包我可以自己挣，那个人给我爱情就可以。”

她说：“那我不要爱情算了。”

“为什么不要？”我问。

她说：“一定要选的话，我选择钱。钱拿到手里就真的是自己的了，爱情就太难说了。”

我说：“你看，我们的生活要比《欢乐颂》复杂多了。”

关于物质和爱情，我跟阿飞在讨论时所持的观点大致代表了两类人的想法：一类有情饮水饱，一类有钱好商量。但我们都不够清醒睿智，说的话都只是因各自际遇而感慨的一时之言。

约翰逊曾说，只为金钱而结婚的人其恶无比，只为爱情而结婚的人其愚无比。

有人说他这话太自负了，一竿子打死了所有已经结婚的和打算结婚的人，可这些人都误解了他的意思，没有明白他的话外之音。

他真正想表达的是，建立在物质和情感平衡基础上的婚姻，才是最稳固的婚姻。

现实里，有太多婚前爱得死去活来的有情人，婚后常常因为柴米油盐等鸡毛蒜皮的小事恶语相向，甚至大打出手，完全不记得当初的缠绵情话和真挚誓言。

现实里，也有太多女生为了物质而放弃了爱情，挥泪斩情丝，从此萧郎是路人。可她们并没有因此收获幸福，她们的老公多半在外面另觅新欢，除却风月场上的逢场作戏，还有很多人是养了第三者之流的。

这样的故事总是引人唏嘘，可这样的故事绝非没有征兆，只是轮到自己身上，结局是喜是悲，还要看你在面对婚姻时如何做选择。

我多希望你，到了最后，有爱，也有面包。

只要你不是特别贪心，这一点还是容易实现的，选择跟自己爱的人在一起，赚足够的面包，又或者在你喜欢的人里面，挑一支潜力股。

04/

我参加过很多朋友的婚礼，也听过很多人关于结婚的心路历程。

X 小姐说：还想多谈一两年恋爱呢，可是家里人一直催，说我不结婚，弟弟、妹妹的婚事都不好张罗，结就结吧。

L 小姐说：原本就打算今年结婚的，眼前的这个男人也是最合适的，经济实力、学历、家庭环境等都还不错！

K 先生说：我们男人不像你们女人那么复杂，爱情对我来说太虚了，我只知道我想娶眼前的这个人，想跟她在一起生活，这就足够了。

……

关于“为什么要结婚”这件事，每个人的答案注定会不一样。不知道等到将来结婚时，你的答案会是什么，我只希望你能满心欢喜地落入婚姻的俗套。

希望那场婚礼是你一心想要的；希望眼前的那个人是你想共度一生的；希望你们的婚姻是被祝福的；希望你能笑意盈盈地走上红地毯，也能在送完宾客后，轻轻地关上门，带着温柔笑意看着房间里的那个人。

旅行最好的样子，是用自由拥抱自由

白日，草原上牛羊成群，像一幅热闹的油画。
夜晚，星空如梦，像是最深邃的瞳孔。
那种感觉就像你今天看了天气预报说明天北京将降初雪，
便立刻买了一张开往北京的高铁票，乘着风一路向北，
只为了看一场气势辉煌又清新绝美的故宫初雪图。

行万里路，才能回到内心深处。
读万卷书，才能看得清皓月繁星。

//

01/

有段时间，我一度很纠结旅行的意义。

旅行，是从自己待腻的地方到别人待腻的地方去吗？是为了逃离生活中的疲惫和失意，远离工作和感情上的烦恼吗？是为了遇见不同的人，看不同的风景，听不同的故事吗？还是为了遇见一个未知的自己，挖掘人生的更多可能？还是为了感受地图上一厘一寸最真实的风格和气质吗？

……

好像都是，又好像都不是。

在桂林，看完两江四湖夜景，步行回酒店的那个晚上，我举起手机采访同行的朋友，一一追问她们旅行的意义是什么。

小意说："我有钱，不在乎什么意义。"

阿遇说："为了体验风土人情，开阔眼界心胸，提升气质修养，简单点说就是长长见识。"

我当下白了她一眼，拜托，不要说这么冠冕堂皇的答案，现在又不是新闻采访。

我把手机举到西西面前，她说："吃喝玩乐呗，反正我是辞职了出来散心。"

然后，我煞有介事地把手机的麦克风孔位放在唇边，问了自己同样的问题。

那时候，我想说出一个很特别的答案，一个与众不同的答案，一个可以把所有人的答案都折叠掉的答案。但我没有，我发现自己之前每一次旅行的动机，都包含在她们几个人说过的答案里了，我根本找不到一个更好的答案。

02/

我又跟很多别的朋友聊过，发现他们并不纠结旅行的意义，只是单纯地享受旅行本身。

不会像被关在房间里很久、刚放出来的犯人一样，节奏迅猛地横冲直撞；不会像带着任务出发的无趣灵魂，除了例行公事般的照片，什么也没留下；不会像底气不足的浅薄行者，刻意地在朋友圈标记位置，若隐若现地炫耀些什么。他们，只是随性行走，去留随心。

抵达目的地后，潇洒地关掉所有的电子设备，抛开一切外在束缚和地域偏见，放松每一根神经，用眼耳口鼻舌，全身心地拥抱周遭的一切风景和人物。

有人因为一部纪录片，一个冲动，跑到日本北海道岛最北端——宗谷岬。

鄂霍茨克海面上翻滚着凶猛冰冷的海风，列车在极致严寒里慢吞吞地往前走，目之所及是一望无际的皑皑白雪，耳边盘旋着空灵的陶笛声，一颗心漫无目的。呼吸着最冰冷的空气，直面最无情的风。

一个人呆呆地站在那里，望着竖立的三角锥形碑，世界像静止了一样。

有人因为鸟语，在春末夏初，一路向北，飞到青海。

汽车在宽广的天地间缓缓地开着，天空似乎比南方低很多，眯起眼后有种在看蓝色天花板的感觉，空气中偶尔飘过几缕淡淡的牛羊气息，竟然意外地好闻。鸟岛在青海湖一角，路两边是青色的草地，间或开着叫不出名字的野花，耳边是音色各异的鸟语，叽叽喳喳地讲着你听不懂的故事。有些鸟儿在湛蓝的天空和澄澈的湖面组成的平行空间里翱翔，划出一道道飘逸的白色痕迹；有些鸟儿在湖面上嬉戏打闹，调皮地制造湖水微澜；有些鸟儿在岸边懒洋洋地晒着太阳，偶尔还会主动冲到游客的镜头前充当模特，让你又惊又喜。

白日，草原上牛羊成群，像一幅热闹的油画。夜晚，星空如梦，像是最深邃的瞳孔。

有人因为凤凰花，在云淡风轻的时节，南飞到厦门。

走过自由又慵懒的古老街区——华新路，穿过繁华热闹的老牌商业街——中山路，骑过自然清新的海边绿色长廊——环岛路，在曾厝垵的文艺清新店铺和特色美食里流连，在历史和人文完美结合的鼓浪屿上闲逛，在中西合璧的建筑群里穿梭，在皎洁月光下起舞，在清风中与友人对饮，在忽高忽低的海浪里思考。

有人因为一个帖子，在雨季穿着长裙飞到清迈。

坐在充满异域风情的咖啡店里，安静地打量窗外的过往行人：虔诚无比的僧人，一脸无邪的小学生，淳朴俏丽的泰国女孩，满脸好奇的金发碧眼，以及随处可见的背包客。骑着摩托车来回穿梭，速度有时快，有时慢。边走边看，寺庙和佛像随处可见，用轮胎的轨迹丈量一座城市的古朴和神秘。迈着轻快的步伐，在夜市里乱逛，横扫各种美食，精心挑选特色工艺品。小酌一杯后，在一片微醺中步行回酒店。

有人在雪乡的厚实积雪上来回翻滚；有人在西单的街头冒充流浪艺人；有人赤脚走过落叶满地的衡山路；有人在特莱维喷泉边跳起踢踏舞；有人在巴塞罗那的酒馆里用方言唱歌；有人拉着心爱的人淋着雨跑过第五大道。

……

03/

后来，我去了很多地方，认识了很多人，看过了很多风景，更加确定：

旅行并不需要什么特别的、深刻隽永的意义，只是那阵子有钱有闲，想要出去走走。

这样的旅行更加纯粹。

它不是你连续加了三个月班、放了朋友无数次鸽子后的变相补偿，也不是你辍学、失恋、失业后的迷茫消遣，更不是你面临人生重大抉择却无法选择时的短暂逃离。

它只是一种突发奇想，一种兴致使然。那种感觉就像你今天看了天气预报说明天北京将降初雪，便立刻买了一张开往北京的高铁票，乘着风一路向北，只为了看一场气势辉煌又清新绝美的故宫初雪图。

旅行最好的样子，是用自由拥抱自由，用自由的心拥抱自由的风景。

不是为了逃离生活琐碎和艰难困境，也不是刻意去追寻厚重的意义，只是单纯地享受在路上的感觉，只是单纯地享受一种又一种看待自我、世界和人文的独特视角。

世界不是苟且，世界是远方。

行万里路，才能回到内心深处。读万卷书，才能看得清皓月繁星。

祝我们都能在
热爱的领域里风生水起

对于公司而言，
那些看起来很安全、价值不明显的员工，
也是最容易成为弃子的员工。

如果，你能将每一件小事都做得足够出色，
你在别人脑海里的印象，
就一定会从一个模糊的轮廓渐渐变清晰，
这也是一种吸引力法则。

//

01/

公司新接了一个项目，一个知名的快消品品牌要做下半年的营销推广策划。因为是全英文的客户简报，所以需要翻译。客户经理 Mark 找我帮忙，我说："我在赶明天的提案方案，Linda 的组不是新招了一个实习生吗？让她翻译一下，刚好趁这个机会让她学着分析标准版的客户简报。"

Mark 一脸茫然，"你说的是哪个实习生啊，叫什么名字？"

我说:“我也不记得什么名字了，一个短头发的女孩子，就是之前坐在Linda对面的。”转身问身旁的Jane那个女生的名字，Jane也说没什么印象。

Mark说:“得，我还是直接去找Linda吧。”

你有没有过职场隐形人的经历?明明每天勤勤恳恳地上班、下班，可公司里的老员工多半连你的名字都叫不出来;同事平日里点餐、聚会也常常把你落下;偶尔，有天请假没上班，也几乎没人发觉;更有甚者，实习期间悄悄地来，悄悄地走，从头到尾无人问津。

嘿，职场新人，为什么你的存在感这么弱?为什么你像个隐形人一样不被察觉和在意?

你可能不够自信，你有很多隐藏的自卑。

职场上，学历背景差不多的两个实习生，如果一个自信，一个自卑，那么最先被看见的人往往是那个自信的人，因为他明朗的笑容和落落大方的处事风格，很容易让人印象深刻。而且，如果一个职场新人足够自信，哪怕他只是一个实习生，也会在开会的时候大胆发言，逻辑清晰地表达自己的观点，会在公司需要的时候勇敢地站出来，发挥自己的聪明才智。这样的人，不会被人忽视。

你可能能力欠佳，职业化程度偏低。

因为明知自己能力不够，在很多方面都是个标准的菜鸟，所以在职场上一直坚持低调做人、低调做事的态度，很少主动和别的同事接触或讨论工作。所以，常常被人忽略。

你可能没有明显的特点或优势。

用广告圈的术语说就是，你这个人没有明显的“卖点”，没有什么与众不同的特点，没有什么超出旁人的技能，没有什么能让别人一旦提及就立刻能想到你的符号或标记。

当然，也有可能虽然你是个职场新人，但你有着老员工的心智，你像了解丛林法则一样了解职场法则，对枪打出头鸟深以为然，认为“低调”是保护自己的最好方式。所以，你从心底就不希望引起他人的注意，刻意地隐匿自己，只想每天平平淡淡地工作。

可是，你忘了，对于公司而言，那些看起来很安全、价值不明显的员工，也是最容易成为弃子的员工。

02/

那么，怎样才能增强自己的职场存在感呢？

英国哲学家乔治·贝克莱在其代表作《人类知识原理》里曾说过：“一个观念的存在，正在于被感知。”抛开这句话的唯心主义色彩，我们可以这样解读：在社会交往的过程中，一个个体的存在，要被他人的心灵看到和感知到，才算是真的存在。

说得简单点，你需要用一些有分量的东西引起他人的注意，而你引起别人的有效注意是增强职场存在感的第一个层面，引起别人的有效注意并得到积极的回应是增强职场存在感的第二个层面。

具体要怎么做呢?

第一，通过提升个人能力，培养自己的自信心。

我们都知道自信的人是会发光的。的确这个世界上有人天生有一种王者气质，随便一站都能叫人移不开眼睛，但是绝大部分人的自信是靠后天才华的累积和能力的提升换来的。

如果你从事的是专业对口的工作，那么就请你利用业余时间好好地巩固自己的专业知识，将你工作领域的事情做到极致。如果你是跨专业就业的，那么就请你利用好业余时间，尽快地将自己就职公司所在行业领域的专业知识补上，以便自己能更好地适应公司的节奏和行业的竞争，增强你个人和所处职位的匹配度，并不断提升自己的职场价值。

我相信，当你的能力足够强又很自信的时候，你的光芒是很难被掩盖的。到时候，就算你有意做个默默无闻的人，可能客观环境也不允许了，就像《天龙八部》里的绝世高手扫地僧，最后还不是暴露了。而且，就算你自己能忍住不暴露实力，也总会有人想起你，总会有领导找你做事情的。

第二，花点时间和精力培养一两个特长，并为自己贴上“正面标签”。

没有特长的人，经常会遭遇一些尴尬。比如入职时，员工档案特长那一栏经常不知道填什么；比如公司开年会，想表现一下却发现自己唱歌不好听，跳舞不会，相声小品又演不了。可见，有一个特长有多么重要。

在职场上，特长是“正面标签”的重要延展。比如，你 PPT 做得很好看，能把一份丑爆了的 PPT 报告化腐朽为神奇；比如，你英语真的很好，不论口译还是笔译都难不倒你，能在与国外客户对接的时候发光发热；比如，你对心理学有研究，特别擅长通过细枝末节的观察来捕捉他人的心理状态，能跟客户进行高效的沟通。

第三，适当地参与同事聚会，尽快地融入公司这个集体。

不是每个人都有足够好的运气，初入职场就能遇上一个善解人意、愿意无私带新人的同事，所以提高自身交际的主观能动性很有必要。远离办公室政治，绝对是聪明的做法，但这不代表要跟每个同事保持冷冰冰的关系。接触是了解的前提。你不跟别人接触，别人对你怎么能形成印象，怎么能记住你呢？

第四，关注一些时尚杂志公众号，培养符合职场氛围的独特穿衣风格。

你不用穿得像模特 T 台走秀那样夸张，也不用穿得五颜六色，但你要有自己独特的穿衣风格，或简约，或清新，或时尚，或职业。坦白说，当我们还记不住一个人五官的时候，眼睛里最先看到的、脑海里最先映射的多半是那个人的穿着打扮。

第五，严于律己，严格遵守公司的各项规章制度，用心地完成手上的每一项工作。

你每天的考勤，HR 是看在眼里的；你每一项工作的完成情况，你的直属上司是看在眼里的；你每天工作的态度和状态，是每个坐在你周边的同事能看到和感知到的。如果你能将每一件小事做得足够出色，你在别人脑海里的印象就一定会从一个模糊的轮廓渐渐变清晰，这也是一种吸引力法则。

最后，希望每一个职场新人都能够凭借自己的能力和坚持，尽快度过有点黑暗的职场适应期，摘掉“职场隐形人”这顶尴尬又讨人厌的帽子，在你所在的公司和领域里发出独有的耀眼光芒。

所有的爱都很珍贵，
但笨拙的真心更胜一筹

你是一个有思想的人类，
而不是一个等待被捕捉的猎物。

听多了包装精致的情话，
见多了套路熟练的求爱招数，
体验过了功力深厚的约会技能，
反而会怀念以往曾错过的笨拙真心，
和简单、真诚的相处。

//

01/

豆瓣上曾经有一个吐槽“男生不会追求女生”的帖子，一度火爆网络，短时间就有三万多个赞，两千多条评论。

有个女生淡淡说道，早上五点多，一个男生把她叫起来，说是给她带了早餐。太早了，女生宿舍连门都没开，于是，她憋着一股子起床气，接过男生从栏杆缝里面递来的一袋早餐，打开一看，里面竟然装着三个馒头。

那一瞬间，她以为自己活在监狱，一点儿也不觉得浪漫，更别提感动了。

读到这里，我的肚子都笑痛了，大脑里累积的素材自动连接，想到我身边那些有点傻气的男生追求女生失败的生动案例。

朋友 H 约了一个喜欢了很久的姑娘看电影，散场后，两个人并排站在路边等车。冬日的夜里，冷风刺骨，无比清寒。

姑娘单薄的连衣裙外，只搭配了一件薄呢大衣，她在寒风中瑟瑟发抖……

H 见了，问姑娘："你冷吗？"

姑娘轻声回了句："嗯，有点冷。"

按照常理，他应该配合剧情，发挥一下绅士风度，语带温柔地关心几句，或者干脆脱下外套给人家姑娘披上。谁知这家伙，立刻接了句："哦，我不冷，我穿得多，我发现你们女生冬天都穿得很少，你下次出来多穿一点儿。"

不知道 H 哪里来的自信，还会有下一次？

果不其然，姑娘回去就把他拉黑了，再也没接过他的电话。

另外一个男生 F，某名校计算机系毕业的，跳槽新公司后喜欢上了人力资源部的一个女神。

他很想追求女神，又不知道从何追起，向身边久经情场的兄弟轮番讨教后，觅得了八字真言：知己知彼，百战不殆。

他把朋友的提点当作至理名言，开始了轰轰烈烈的追求行动。他发挥专业特长，研究了对方所有的社交账户，做了一份数据详尽的分析报告，把女神的兴趣爱好、好友亲密度、聊天关键词频次、心情状态，甚至是生理周期等都做了图文结合的统计分析。

表白那天，他自信满满地对女神说："×××，我喜欢你，为了更好地了解你，我做了很多功课，我觉得现在已经很了解你了，希望你能给我一个机会，做我的女朋友。"

女神接过那一堆A4纸，一页一页地翻着，妆容精致的脸逐渐扭曲……

F自然是没追到女神，还被她当面批判了一顿，女神骂他侵犯隐私，说自己绝对不会答应他。

生活中不乏这样的男生，很少跟女生接触，恋爱经验几乎为零，情商经常掉线，好不容易遇到一个喜欢的女生，行为模式却活脱脱像个傻瓜，追求对方时，不是隔靴搔痒，就是用力过猛。结果，往往追不到女生，还经常落得个"傻气呆板、恋爱智障"的评价，失败案例在朋友圈子里以各种版本流传。

02/

与他们相对的，是另外一类男生，就是俗称的——"恋爱高手"。

他们懂得女生那些玲珑心思，久经情场，战绩斐然。

他们很会把握追求女生的节奏，全程运筹帷幄。他们知道如何拿捏行为的分寸，什么时候攻、什么时候守，都了然于胸；他们知道如何才能讨得女生的欢心，什么样的情景搭配什么样的情话；他们知道在什么时候该释放魅力，什么时候要展露天真，懂得因人而异、对症下药，约会安排细心体贴，擅长制造惊喜和玩浪漫，绅士得体，让人着迷。

感情经历少的女生，很难招架得住他们的汹涌攻势。

譬如，你随手在朋友圈发了一条“下雨，又忘了带伞”的状态，他能在三十分钟内赶到你公司楼下，给你送伞；譬如，你看了一场电影后，说突然很想吃棉花糖，他会真的跑几条街帮你买；又譬如，你说，还在公司加班，他能开车跑到别的区，打包一堆好吃的，给你来一个突然袭击。

很贴心，对不对？很心动，对不对？

只是，这样的热情，通常来得快，去得更快；只是，这样的人态度始终模糊，你永远捉摸不透，眼前这个人是真的很喜欢你，还只是太过擅长玩套路。于是，你痛苦，你纠结……在深夜里辗转难眠之余，终于明白一个道理：总是深情留不住，偏偏套路得人心。

没关系，时间会奔跑，而你会成长。

等你听多了包装精致的情话，见多了套路熟练的求爱招数，体验过了功力深厚的约会技能，反而会怀念以往曾错过的笨拙真心，会越来越怀念、喜欢简单真诚的相处模式。因为，你最终想要的，是一颗在时光微凉里紧紧抓住你的真心，而不是一个在百花丛里潇洒行走的“情场高手”。

笨拙的真心，远胜于有技巧的蛊惑。

毕竟，你是一个有思想的人类，而不是一个等待被捕捉的猎物。

03/

这个时代讲究营销包装，就连你去街角的便利店买一瓶水，也会优先挑选包装精致的，似乎这样才觉得对得起价格。可你要的是包装吗？包装又不能解渴，水才可以。一个男生的求爱招数就像是矿泉水的包装，并没有那么重要，他的心意才是你真正需要的水。

不要被花里胡哨的包装迷惑，而错过真正朴素的优质水。况且，人是会变的，每个人身体里蕴藏的潜能都超乎想象。

在时光列车驶过的痕迹里，臃肿的赘肉能练成紧实的腹肌，沉默内敛能变成坦然自信，面对女生害羞嘴笨的人，有朝一日也能情话技能满级。

H 追到现任女朋友之前，还做过很多傻事。比如在某次约会后，给对方列了一个学术性很强的书单；比如送过碎纸机这样的奇葩圣诞礼物……

可这样一个笨拙的人，现在已经能把女朋友的喜好熟记于心，会在过马路时把女朋友保护在内侧；会在乘地铁时把对方圈在安全范围内；会在朋友聚餐时，将饮料开口处用纸巾擦干净、插好吸管后再递给对方；会把有壳的海鲜细心剥好后再放到女朋友的碗里；会提前准备好每一个节日的礼物。

好的感情像一所培训学校，不管男女都会收获不同程度的成长。有意思的是，在这样的学校里，原先成绩极差的人，上升的速度更快，空间更大。所以，如果你遇上一个像傻瓜一样爱你的人，他追求你的笨拙姿势里藏着满溢的真心，那不妨给他一个机会，也给自己一个机会。

因为，对他而言，你才是那个慧眼识珠的人，你才是那个帮他走出荒芜的感情沙漠的人，你比你自己想象的还要重要。

每一个男人都不会忘记帮他成长的女人，就算你最后不是他的唯一，也注定是那个无法取代的刻骨铭心，不是白月光，就是朱砂痣。

自己找出来的答案，才是最有价值的

纵观身边喜欢读书、每年的阅读量都很可观的那些人，
都是一有时间就主动去找好书看，
要么去查网站的销售榜单，要么去豆瓣上看书评，要么去逛实体店……
比起别人的推荐，
他们更相信自己的眼光和品位，
也很享受这种寻觅好书的过程。

那些喜欢让别人推荐书单的人，根本都不会看书，
自己付出了劳动得到的东西才会去珍惜，这是人性。

//

01/

半夜睡不着，从床上爬起来，坐在飘窗旁刷朋友圈，给别人点赞、评论之余，顺手发了一条很矫情的状态：城市的夜晚，是没有星空的。

三十秒后，接到了千里之外的龙哥的电话，他说：“还没睡呢？看到你写的文章了，写得不错。你现在还会每天看书吗？”

我说：“每天读书有点困难，不过有时间的话就会看，能看多少

是多少。”

龙哥说他很羡慕我现在的状态，除了应付工作和生活，还能抽时间看书。

他说，他大学毕业以后压根儿就没买过书，更别提看书了。当年考研那阵子，他可是能把手机扔在宿舍，跑去阅览室，一坐一整天看书、做笔记的，现在想想那样的日子好遥远。有时，他也会强迫自己坐下来看一会儿书，可书上的每一个字都像是修炼过“凌波微步”似的，虚浮缥缈，根本不知道写的是什么。

我完全理解那种状态。

人一旦进入社会以后，是很容易浮躁的，每天打交道的人太多，处理的琐事太杂，生活被电脑、手机和网络绑架，大脑每时每刻都在接受和处理芜杂的垃圾信息，很难再静下心来看书。

我说，环境是会影响人的行为模式，但关键在于你能不能静下心来。如果你能做到心无杂念，看书这件事情就会从被动语态变成主动语态。

两个人有一搭没一搭地聊着，说着各自的工作和生活，末了，他来了一句：“你帮我推荐一个书单吧？挑一些你觉得好的书，我想找回之前那种能认真看书的状态。”

“我是不会为你推荐书单的！”

我突如其来的别扭情绪让龙哥觉得莫名其妙，他追问为什么。

我有点赌气地说：“因为，那些喜欢让别人推荐书单的人，根本都不会看书！”

02/

我承认这句话说得有些绝对，但是绝大部分喜欢让别人推荐书单的人，都不会去看书单里的书。

大学里，我有一阵子对古文很感兴趣，觉得古人的文笔真是厉害，写的文章，要意境有意境，要哲理有哲理，为此还特地找到了中文系的学霸，让他帮我列一个经典古文作品的书单，打算恶补文学素养。

结果，那朋友比我想象的还要够意思。

他不仅给我列了一个足足有五页的书单，还给我发了一个巨大的压缩包，里面全是电子书文档，《论语》《孟子》《山海经》《说文解字》等各种经典书目都在里面了。

他给我的书单里的那些书，大部分都是我感兴趣的，但是我一本都没有买，一本都没有看。他给我的海量电子书资源，我也只是匆匆浏览过几次，从一个硬盘里拷贝到另一个硬盘里，直到电脑重装系统，文件丢失。

与别人推荐的书单不同，我自己在网上搜罗到的、在书店淘到的书，都完整地看完了，很多还看了好几遍。因为这些书，都是我花了心思去挑的，付出了时间、精力和金钱的，潜意识里即使是为了投入和产出成正比，我也会耐着性子把它们看完。

大三时有个学妹 M，说他们专业课不多，平时很无聊，让我推荐几本经典又好看的小说打发时间。国外的名著里我推荐了《傲慢与偏见》《简·爱》《挪威的森林》，国内的小清新作品我推荐了《你好，旧时光》和《何以笙箫默》。

在《何以笙箫默》的电视剧大火之前，我发了一条状态，是小说里的经典台词：如果在这个世界上曾经有那个人出现过，其他的人都会变成将就，而我不愿意将就！

她在下面评论："这是你说的吗？好文艺啊！"我说不是，是"何以"小说里的啊。然后她说："是哪个'何以'？好看吗？"

排除没时间和别人推荐的书不对自己口味这两个原因，我们很少会看那些书的原因恰恰是——那是别人推荐的。别人推荐的书，跟别人给的资源一样，都得到得太容易了，没有付出过自己的努力，所以才不会去珍惜，不会真的去看。

纵观身边喜欢读书、每年的阅读量都很可观的那些人，都是一有时间就主动去找好书看，要么去查网站的销售榜单，要么去豆瓣上看书评，要么去逛实体店……比起别人的推荐，他们更相信自己的眼光和品位，也很享受这种寻觅好书的过程。

03/

跟别人推荐的书有同样命运的，还有别人推荐的电影、别人推荐的英语学习网站、别人介绍的减肥方法等，那么多“推荐”，有几个真正发挥了作用的?

非常少！不是这些推荐没有价值，而是我们的懒惰导致我们很难去有效开发它们的价值。

这个世界上有一种人叫“伸手党”。他们的主动性极差而依赖性极强，他们喜欢万事走捷径，喜欢坐享其成，却很少会自己去找答案。

很惭愧，我曾经也是一个可耻的伸手党。可当有一天，我发现自己从来没有好好利用过自己伸一伸手就得到的那些资源时，当我发现那些伸手得到的资源最后都成了“留着占空间，丢了又可惜”的鸡肋时，我终于意识到，该把这个坏毛病改掉了。

后来，当我想让别人给我推荐书籍、电影、攻略时，脑子里都会跳出来一个小人，把这些念头一一掐死，然后自己花时间去找答案。而我自己找的书、自己找的电影、自己找的攻略，都无一例外地看完了、用上了，真正地发挥了它们的价值。

自己付出了劳动得到的东西才会去珍惜，这是人性。

以后当你突然对某一个作家感兴趣、对某一个领域感兴趣、对某一件事感兴趣时，先试着自己去找答案。你自己找来的答案，才最深刻，最有意义。有了这层铺垫，再向那个领域的高人请教一二的话，你会成长得更快。

更何况，比一时的答案更重要的东西，是自己尝试着去找答案的这个过程，这个过程带给你的是独立思考和解决问题的能力，而这种能力价值连城。

他最大的魅力，可能是你的想象力

我们不能因为谈过一次失败的恋爱，就再也不敢谈恋爱了；
不能因为被男人伤过一次，就再也不相信任何一个男人了；
不能因为摔倒过，就干脆躺在地上不爬起来了。

不要把自己修炼成铁石心肠，
拒爱情于千里之外，
而是要即使受过伤，
也能抱着一份美好的期待勇敢去爱。

//

01/

亲爱的，你有没有经历过不方便的爱情？

不方便的爱情，不是说你插足别人的爱情或婚姻，而是你跟他没有公开恋爱过，从开始到结束都是偷偷摸摸进行的，你的微笑和眼泪、你的快乐和悲伤，都没有人可以分享，都压根见不得光。

薇薇安有过一段不想提起的感情，因为这段经历，她不再相信爱情，不再相信男人。

现在她经常挂在嘴边的话是，如果要从男人和事业两者之间做选择，请果断选择事业，因为它不会背叛你。

那个人叫奥斯卡，故事发生前，她从来没想过，会和这个外派到上海工作的人发生任何感情纠葛。她不是紫霞仙子，既没猜中开头，也没猜中结局。

那天，她像往常一样进公司，刚把打包的咖啡放到桌子上，部门经理就领着几个人，在办公室里一一介绍开来了。他说，这些是从深圳分公司调过来的人，专门支持下半年的几个大项目，希望大家多多关照……末了，指着奥斯卡，望了薇薇安一眼说："对了，这个人分到你的组。"

接触以后，她了解到奥斯卡以前是做酒店销售的，刚转行没多久，是个对公关几乎没有概念的新人。深圳公司把他派到上海，一半是支援项目，一半是培训学习。

每次开会，奥斯卡都表现得很认真，工作也很卖力，早到晚退。

这些薇薇安都看在眼里，判定他是个有前途的人，日常比较关照他。

一个加班的晚上，办公室里就只有他们两个。奥斯卡虽忙完了手头的事情，但并没有走，一直坐在一旁玩手机，像是单纯地打游戏，又像是刻意在等薇薇安。

见他一直坐在那边，薇薇安问："有事吗？"

他犹豫了一下，说他很喜欢公关这个行业，想在这行好好干下去，问薇薇安能不能帮他额外补习一些行业技能，他也知道这个要求可能有点过了，但还是抱着希望问问。

薇薇安本能地想拒绝，她说自己也不过入行两三年而已，并不觉得自己有能力教他，而且利用私人时间教学这件事情，真的不太方便。

奥斯卡紧追不放，说不会的，她怎么都比自己厉害，占用私人时间确实不好意思，那不如一周一次，他可以按照课程时间支付培训费用。

薇薇安不好再拒绝。只是，不喜欢跟同事有金钱上的交集的她，让奥斯卡把培训费用换成了请客吃饭。

薇薇安就这样成了奥斯卡的私人教师，他们每周见一次面，有时约在咖啡馆，有时约在书吧……她会事先把当天的培训内容做成PPT，教学时先分享一些基础理论知识，接下来是一个问答测试，最后再拿圈子里的经典案例和公司做过的案例做分析讲解。

奥斯卡则很认真地听她讲课，做笔记，遇到不明白的地方则直接提问。

每次结束了，他们都会一起吃饭，偶尔还会看场电影。

奥斯卡第一次提出要送薇薇安回家时，她嗅出了几丝暧昧的气息。

似乎，越往后，这样一对一的见面，约会的成分越要远远大于一对一教学的成分。她开始重新审视奥斯卡一系列举动背后的动机，以及他们两人之间的关系。

但奥斯卡一直没有明确表态，她也就假装什么都看不懂，照例每周上课，只在心里酝酿着，找一个合适的机会把这件事情捋顺了。

她并不享受这种类似暧昧的状态。

理智上，她不想跟奥斯卡发生任何感情纠葛。一来，他们是同事关系，恋爱中的一举一动都在同事的目光之下，很可能影响以后的工作；二来，对方的年龄比自己小，资历比自己浅，跟她想象中的能让她仰望的另一半相去甚远。

撇开理智不管，单从情感上看，她对奥斯卡是很有好感的，他的细心周到、幽默感和穿衣品位都是加分项，有时他的一些不经意的举动，很能激发她的少女心。

虽然她不想承认这些，但也不想对自己撒谎。

九月庆功宴，部门聚餐结束后，又转战 KTV。

那个项目做得很成功，对接的客户特地发了一封巨长的表扬邮件，老大很开心，当晚到场的人都喝了很多酒，包括薇薇安在内。

玩游戏的时候，薇薇安一直输，不停地被同事灌酒。奥斯卡看不下去，直接把她的酒接过去，说她输了的酒他可以帮她喝掉，叫她放心大胆地玩。

同事立刻起哄，说他们有“奸情”。奥斯卡把手里的酒一饮而尽后，痞笑着说：“我保护我师父不行啊，你们这些没有师父的人是不会懂的。”

那时，他放在桌子下面的左手偷偷抓住了薇薇安的右手，薇薇安由着他握了一会儿，之后迅速把手抽离，跑去点歌。

散场后，奥斯卡照例送她回家。

她想，也好，正好可以把话说清楚。

快到楼下时，她停下来，很认真地看着奥斯卡说：“等这个月的课程结束后，我们周末就不见了吧。还有，我觉得我们应该保持一点儿距离，我喜欢简单一点儿的同事关系，不想让事情变得复杂。”

这话里隐含的意思就是，他们只是同事，不接受勾搭。奥斯卡怎么会听不懂她的画外之音？刚开始他站在那里没说话，突然一把抱住薇薇安，用力吻起来。

薇薇安一下子蒙了，回过神后，便开始推他，可她越推，奥斯卡就抱得越紧，急得她只能用高跟鞋踩奥斯卡的脚，这才脱身。

“你疯了吗？”她立刻大发雷霆。

“我喜欢你。”奥斯卡仍拉着她的一只手，不肯放开。

“你喝酒了，刚才的事情我不会放在心上的，但下不为例。”

“薇薇安，你是知道我酒量的，我很清醒，知道自己在做什么。”

“酒后的话可以当真吗？”

“我、很、认、真，很、认、真。”奥斯卡一字一顿地说道。

“可是，我需要一点儿时间考虑……”

“可以，我等你。”

“嗯，晚安——”

“晚安。”

后来，他们在一起了。

公司虽然没有明文规定同事之间不许谈恋爱，但薇薇安是知道老板的态度的，所以很小心。考虑到职场发展，两个人一直处于一种地下情的状态，在公司里装作什么都没发生似的相处，尽量避免不必要的接触，还任由同事开他们和别人的绯闻玩笑。

只有在下班以后，他们才会像别的情侣一样，光明正大地约会、吃饭、看电影。

到了 12 月底，几个大项目基本上做完了，深圳调过来的同事也陆续回去了。

欢送会聚餐那晚，奥斯卡把薇薇安送到家，在门口吻了好一阵子才离开。

薇薇安洗完澡，拿起手机一看，好几个短信和未接来电。奥斯卡说想她，刚分开就想她了，说他明天上午就飞回深圳了，让薇薇安出来陪他。

她回他，干吗说得像以后再也见不到一样，可以轮流飞到对方所在的城市看对方啊。

奥斯卡说，他不管，他还没走，还在小区门口站着抽烟呢，薇薇安不出去，他就一直等下去……

薇薇安又不傻，她知道这么晚再出去的话会发生什么。

她一出来，奥斯卡就灭了烟头迎了上去，牵着她的手走到路口打车。

吃完夜宵，二人回到家。一进房间，奥斯卡就去洗澡了，而薇薇安出门时忘了带手机，就拿起奥斯卡的手机玩，准备听一会儿歌，刷刷微博。

她刚拿起手机，手机上就收到了几条微信。

都这么晚了，还有谁会给他发信息？恋爱中的女人有着极其敏感的警惕心，她鬼使神差地点开了那几条信息，随后脑子一下子就炸了……

给奥斯卡发信息的人，微信头像是一个性感的红唇标志，那个人喊他老公，问他在干吗。她一条一条地翻着聊天记录，越往前看，心就越沉，他们暧昧有一段时间了。她不敢相信口口声声说喜欢自己的人，对自己处处温柔体贴的人，背后竟然是这样一副面孔。

奥斯卡从浴室走出来时，薇薇安神情痛苦地看着他。

“你为什么要这样对我？跟别人暧昧了这么久，你是把我当傻子吗？”

谁知奥斯卡竟然出奇地冷静：“我跟她没见过，只是在微信上聊天而已。”

“如果今晚我没有出来，你是不是就去找她了？”她压住火气说道，“是不是今晚谁陪你不重要，只要有人陪你就行？”

“薇薇安你别这样，不是这样的，”他抓着头急于解释，像在斟酌字句，又突然话锋一转，“你现在是不是觉得我特渣——”

“不然呢？那你觉得，我应该怎样以为？”

“你有没有想过，我们两个异地，这段感情不可能有结果的。迟早都会分开，结果没有差别……”

“浑蛋，这根本就是两件事情！以后会不会在一起是以后的事情，异地恋就一定会分手吗？你不能用压根没发生的事情来当自己滥情的借口！”

“是不是无论我现在说什么，你都听不进去了？”

“是！”

“那你今晚还会陪我吗？”

“不！可！能！穿上你的衣服滚吧！我以后再也不想见到你。”

“好——”

砰的一声，奥斯卡摔门而出。

那晚，薇薇安蹲在地板上哭到嗓子发哑……发泄完，她抽了一根奥斯卡落下的烟，压根不会抽烟的她，被烟雾熏得眼泪、鼻涕一起流。

一夜没睡。第二天一大早，她请了假，顶着哭肿的眼睛在路上闲逛。

有那么几个瞬间，她还幻想，那个人会突然出现在街角，像以前一样霸道地抱住她，温柔地解释。她的潜意识里一直期待剧情有所反转……

可是什么都没有。他们再也没见过，再也没联系过。

过了很久，她还是不能对这个人、这段感情释怀。

再后来，薇薇安跳槽去了新公司，断掉了跟奥斯卡在这个世界上的唯一交集。

很长时间，她不敢正视这段感情，连身边最好的朋友都不敢说，被回忆反复折磨时，也只是一个人死撑着。她觉得这道伤口是一生的耻辱。

为什么这么不公平，为什么别人的爱情都幸福得像花儿，可以一脸灿烂地暴露在阳光下，她的爱情，却是见不得阳光的毒蘑菇，只配在阴暗潮湿的角落里疯长。

她恨自己，她忘不了那些伤害，也忘不了曾经的那些好。

她跟我提到跟奥斯卡的这段感情时，已经是两年后了。

她说，她不相信爱情了，男人没几个靠谱的，与其浪费时间谈恋爱，倒不如努力工作，拼命赚钱，男人能给的，她靠自己一样可以得到。

听她说那些丧气话的时候，我只觉得心疼。

我说，你不能被伤了一次，就觉得全天下的男人都是人渣啊，虽然这个年头渣男是很多，但好男人也很多啊！你只是还没有遇到那个会真心对你的人。如果你一直抱着过去的伤痛不松手，不敢往前看，最后毁掉的不是别人，而是你自己。

爱情并没有错，只是她没遇到对的人。

我们不能因为谈过一次失败的恋爱，就再也不敢谈恋爱了；不能因为被男人伤过一次，就再也不相信任何一个男人了；不能因为摔倒过，就干脆躺在地上不爬起来了。

真正的英雄不是无所畏惧，而是即便怕死，也总能在关键时刻挺身而出，救人于水火。

女人的坚强勇敢也不是把自己修炼成铁石心肠，拒爱情于千里之外，而是即使受过伤，也能抱着一份美好的期待勇敢去爱。你要做的，只是在每一次受伤后，吸取教训，变得更聪明一点儿，慢慢学会甄别好男和渣男，慢慢学会两性相处的节奏和技巧。

我想要看到每个姑娘都能幸福、快乐地生活，更希望在你们的幸福、快乐里，爱情不缺席。如果要爱，那就要爱下去，不要为了任何不值得的人放弃追逐属于自己的幸福。

人生的路，还长着呢！下一站，也许就是幸福！

人不耗尽所有期待，是不肯说再见的

莎士比亚曾说，
每一个被束缚的奴隶都可以凭借自己的手挣脱桎梏。

既然如此，
每一个被感情灼伤的人，也可以优雅地自我修复。
爱一个人那么难，总要先找人拿来练手，
闯情关本来就是一件需要合作加练习的事情，
你会帮别人练级打怪，也会有人帮你升级装备。

//

01/

分手的第一天，乔然像水里严重缺氧的鱼，没有一丝生气……她眼神空洞地躺在沙发上，手机被她扔在了地毯上。

到了夜里11点多，她才猛地反应过来，捡起手机，把张小东所有的联系方式都删掉了，手指每点击一次删除，心就跟着疼一次。心里埋怨着，现在的社交软件越来越干脆，微信好友和手机联系人的删除都太过方便，不会多问你一句“是”或“否”，一丝犹豫的机会都不给你。

不过这样也好，不用平白多出许多纠缠，生气过后，她又自我安慰。

那晚，她兴高采烈地给我发了一条信息：Summer，快，恭喜我恢复单身了！

我自然是很违心地恭喜。

我们两个，像是连续合作了很多部戏的演员，严丝合缝地配合着彼此的虚伪。我知道，她不需要我戳穿她；她也明白，我懂她这个当事人所有的言此意彼。

分手第二天，她花了将近七个小时整理房间，把家里所有跟张小东有关的东西都翻了出来，一并扔到了超大号的储物箱里，接着踩着拖鞋，把储物箱搬下楼，扔在了小区的垃圾箱旁边。

最后，当她看着箱子里散乱的泰迪熊、情侣手机壳、高跟鞋、浴巾、牙刷……忽然觉得讽刺。

原以为两年的时间会留下很多东西，没想到却连一只箱子都装不满。那一瞬间，她讨厌自己超强的记忆力，讨厌脑子里关于张小东的任何回忆。

分手第七天，她发了疯似的想张小东。

想听他的声音，想看他的笑，想闻他身上淡淡的烟草味……拨了无数次号码，点了无数次绿色通话键，但又匆匆按红色按钮挂断。

她恨自己居然还记得那个人的号码，更恨自己手贱去拨号……

分手第二十一天，她还在持续地失眠中……

夜色正浓，可她很清醒。

“心还是会疼，想你在零点零一分，幸福的人都睡得好安稳，寂寞太会见缝插针”，在空荡荡的房间里，她自虐式地单曲循环着张靓颖的歌——《想你，零点零一分》。

分手第二十九天，她约我一起喝酒。

我以为她要发泄，提前准备了一肚子安慰的话。可那晚她什么也没说，只是喝酒，多半时间在把玩手里的酒杯，偶尔点评几句酒吧驻唱、吉他手的水准。

末了，我们一起打车回家。一下车，她就飞快地冲到小区的花坛旁，吐得一塌糊涂。我看得很清楚，她的眼里有晶莹的液体在打转，可她硬是没哭。

分手第五十二天，她一狠心把留了很久的长发剪短了。

张小东以前最喜欢用手指穿过她的头发，可那都是从前了。照着镜子，她对自己说：我要剪短我的头发，剪断对你所有的牵挂。

分手第八十一天，我和她一起去看电影。

挤在人头攒动的地铁站里，她瞄了几眼不远处的一抹深蓝，跟我很小声地说了一句：“那个人有个一模一样的双肩包，以前天天背在身上……”

在星巴克排队买咖啡，她看起来像跟我聊天，其实自言自语的成分更多。

你知道我为什么一直喜欢抹茶拿铁吗？我总以为抹茶含有抹掉的意思，好像每喝一次抹茶拿铁，就会抹掉一部分记忆。总有一天，会忘干净吧！

我去排队取票的时候，她就站在一旁，下意识地抬起手臂，盯着左手腕上的那一抹白色，我知道，那是她以前戴情侣手环的位置。如今，手环摘掉扔了，但痕迹还在。

那天，我们吃饭、逛街、看电影，七个多小时里，她至少失神了四次。

02/

六个月后，她已经不会再刻意地记分手的天数了，有关张小东的记忆在脑海里出现的次数也越来越少。每次经过以前约会的“老地方”，她不会再下意识地用目光搜索某个熟悉的身影了。

她说，有些事情如果真的忘不了，那就不要刻意去想。她说，已经把所有关于张小东的记忆都存储在了大脑的某个死角里，任由它们自生自灭。她说，分手那天，心上像是被人用利刃剜了一刀，现在那种痛彻心扉的感觉已经时过境迁，仿佛没有发生过一样。

她以前总觉得自己铁定舍不得离开张小东，一定会犯贱再去找他的。

她还一直抱有侥幸心理，觉得那个人会回来。可事实是离开了他，自己竟然也可以过得很好。原来，真的没有非有谁不可。

搬家前，有天晚上她一个人打包东西到夜里2点多，后来累到干脆坐在地板上。她想，东西这么多，这么重，新找的住处又没有电梯……一时情绪上涌，差点哭出来。如果那个人还在，自己就不会这么辛苦了。

后来，她提前几天用App预约了搬家公司，搬家当天又叫了几个朋友帮忙，一切出奇地顺利。

在新家的当晚，她给卧室换窗帘时，有个念头一闪而过，如果他们没分手，就会有一个身高一米八二的帅哥帮她换。但是下一秒，她转而一想，够不到可以加一个凳子啊。

原来，没有谁是不可替代的，即使是张小东也不例外。

莎士比亚曾说，每一个被束缚的奴隶都可以凭借自己的手挣脱桎梏。既然如此，每一个被感情灼伤的人，也可以优雅地自我修复。

既然分手了，就潇洒地放手，最多为他深情醉一场，以后再也不回头。

一年后，她在以前常去的那家电影院里又看到了那个人的身影，旁边站着一个时尚俏丽的女人。她笑了笑，转过身，走开了。打印电影票时，敲了一句话：我已长发及腰，但却不再爱你。

03/

王菲在《红豆》里唱：相聚离开，都有时候，没有什么会永垂不朽。

分手以后，难忘旧爱的，大多只是时间不够久，新欢不够好而已。人类的感情要比自己以为的复杂得多，刻骨铭心和形同陌路，大多只差一步。

我们都不是小龙女，我们的男朋友也不是杨过，没有谁还会等谁十六年，也没有这个必要。

对爱忠贞的真正意义是，我们对每一段当下的感情忠贞，对每一个眼前的爱人忠贞，而不必狭隘地理解为一生只爱一个人。

一生只爱一个人，是一种美好的奢望。

如果抱着一生只爱一个人的念头生活，估计会活得很痛苦。因为第一次遇到的人就是今生挚爱，还能携手余生，这可是万分之一的小概率事件。

电影《春娇与志明》里有一句台词：人生那么长，总会爱上几个人渣的。

要我说，爱一个人那么难，总要先找人拿来练手，闯情关本来就是一件需要合作加练习的事情，你会帮别人练级打怪，也会有人帮你升级装备。还没见过谁无师自通，顿悟成才，一下子就破了这天降难关的。

一个人住，去超市采购生活用品也许拎不动，那就改网购好了。现在可是电子商务时代，网购平台又不是摆设。

一个人生病了，没有人照顾很凄凉，那平时就好好照顾自己，平日里尽量少吃辛辣刺激的食物，根据天气添加衣服。一个人走夜路不太安全，那就每次跟朋友聚完了记得早点回家。

一个人，生活空荡荡的，老是有生无可恋的极端想法，那就多找一点儿事情做，读书、看电影、跑步、跳舞等，你有一万种方式可以把自己的生活填满，关键看你想不想。

街角最喜欢的那家面馆关掉了，那就重新找一家更好吃的；一直很想入手的那款包包没有喜欢的颜色了，那就换个牌子，或者重新挑一款。

生活一直很简单，再难走的路都会有个转角或岔路口，只看你怎么走。

分手后的日子，并没有那么难熬。如果分手以后，生命真的荒芜，那就换一个人重新再爱好了。

前任是座桥，
把我们渡给对的人

人是极为复杂的感性生物，
一个人过去感情履历的参考价值，
根本比不上信用卡的还款记录。

因为，一个人前任数量的多寡，
与一个人对待感情忠诚度的高低根本不能成正比。
浪子可能会变专一，老实人也可能会变花心。

//

01/

上海的冬天很少会下雪，但冷起来却丝毫不比北方逊色，空气里弥漫的是深入骨髓的湿冷。湿气无形，总在凛冽寒风里从你的外套长驱而入，一点一点地消耗你身体里仅存的热量。

在这样的天气里约会，再没有比吃火锅更让人爽快的了。阿立刚满心欢喜地夹了几块肥牛卷塞进嘴里，小曦试探性的声音就从对面飘过来：“阿立，我，我有话想问你……”

“怎么了？”阿立的视线暂时从火锅上移开，目光聚焦在小曦

精致的妆容和饱满的下唇上，嗯，好想咬一口。

“那个，你还没有告诉我，你有多少个前任女友呢。”末尾刻意加上的“呢”，像是为了缓和这个问题造成的尴尬气氛。

算起来，他们两个交往也有半年多了，阿立从来没有主动提过这件事情。小曦从侧面打听到阿立曾经有过不少女友，非常没有安全感的她迫切需要一个答案，好确定她在阿立心中的地位，好把这段感情的砝码加重。

谁说只有女人才有直觉，从刚才小曦没有像往常一样挤在他旁边，而是挑了对面的位置时，阿立就知道今天可能情况不妙。

从心理学的角度上讲，相对而坐的两个人往往是博弈的状态，譬如谈判。

该怎么回答呢？

这张餐桌的长度大概是 140 厘米，宽度有 50 厘米左右。现在是用餐高峰时段，火锅店里人声鼎沸，他要想在不引起太多人注意的前提下站起来，用嘴巴封住小曦的问题好像不太现实，于是只好给出一个答案。

阿立说：“我不记得了，又没有刻意数过……”

小曦步步紧逼：“怎么会不记得呢？大概有多少个前女友总会记得啊！”

阿立说：“你觉得这个很重要吗？比我喜欢你还要重要，比我们现在在一起还要重要？”

小曦又说："可是……可是那不一样啊。"

这下，阿立把筷子放下了。

其实，按照以往的套路，他可以配合剧情发展，十分浪漫、霸气地喊："是，我有一百个前任，但现在我只爱你一个人！"

可这种情形下，他忽然觉得无趣，没有心情去说任何情话，他不明白为什么女人总是喜欢纠结这些有的没的。

02/

吃完火锅，开车把小曦送回家后，他给我打电话："喂，大作家，在干吗？"

我回敬他："别损我，在看书。"

他说："出来吃夜宵吧，我请客。"

我说："我晚上刷到小曦的朋友圈，你们不是刚刚吃过火锅了吗？"

他说："我没吃饱，还有，有点事情想问你。"

40 分钟后，阿立和我在我家小区附近的一家海鲜烧烤店里大快朵颐起来。

我问："怎么了？"

他说："小曦晚上问我有多少个前任女友，我没有正面回答，因为我不知道该怎么回答。"

我调侃："话说，这个问题我也挺好奇的，到底是几位数？"

他瞪了我一眼："姑奶奶，你还嫌我不够乱是吧？"

我说，其实两个人谈恋爱，有很多问题都是有参考答案的，尤其是女生最喜欢纠缠的问题。比如，是我好，还是你的前女友比较好？比如，是她漂亮，还是我漂亮？又比如，你到底有多少个前任女友？

在爱情世界里，有过跟女朋友斗智斗勇经验的男生，这种时候一般都会选择用标准答案来回答：当然是你好，当然是你漂亮，不管有过多少个前任，都会说有过两个。

"女人天生是缺乏安全感的生物，尤其是陷入爱河的时候，常常容易被不安的感觉吞噬，越爱就越不安。小曦问这个问题，也许她是真的想知道一个具体的数字，想多了解你一点儿；又也许，她只想借这个问题窥探一下你的态度，就算你撒谎给出一个答案，她也能够欣然接受。她最终要的不过是想让你表明，你爱她，你在乎她，你在乎你们这段感情，仅此而已。"

听了我的话，阿立说："如果我不喜欢她，如果我不爱她，我们现在根本不会在一起啊。"

我说："万一，她就想听你再认真地说一遍呢？"

毕竟在爱情里，"我喜欢你""我爱你"这种话是听不够的。

后来，阿立深吸了一口气，说了两段饶有哲理的话。

他说，未来的事情他不知道，很多人都喜欢给予承诺，以前他也喜欢这样，可慢慢地他发现，承诺不过是特殊情境下撒的一个谎，因为不是每一个承诺最终都能实现。他也可以撒一个漂亮的谎，让这段感情看起来更美好，但时间终究会揭开谎言的面纱。很多看似浪荡的人，匆匆掠过百花谷，尝尽世间悲欢离合，但他们可能只是在等一个人，他们的意中人。

那些看似老实，值得托付一生的人，也可能在某个夜晚，去街角的桑拿房里背叛爱情。

他说，他确实有过不少前任女友，在这一点上他不想撒谎，但他也确实不记得到底有多少个，也不想去数。

有多少前任能证明什么问题呢？难道以前喜欢过别人，就没有喜欢眼前人的资格了？难道以前喜欢过别人，就不再值得信任和托付了？

我忽然想起了电影《忠犬八公》里的一句台词：忠诚的意义在于，我们不该忘记爱过的每一个人。

03/

不得不说，我完全赞同阿立的观点。

阿泽是我大学时的同学，同校不同系，大学时就有“情场高手”的名声在外，从大二到大四，追过的女生有两位数之多，正式交往的女生也有六七个。同宿舍的一个男生在网上苦追一个素未谋面的女生三个月，让女生发一张生活照都不肯，情急之下让阿泽帮忙跟女生套个近乎，兴许能搞到一张美人照。

十分钟后，女生主动开视频聊天了。

没人会想到，这样的一个情场高手，毕业后被一个女生 H 拿下了。他们开始交往之后，他把所有暧昧过的前任的联系方式全部都删掉了，手机的锁屏密码、微信的登录密码也都换成了 H 的生日，就算是出去跟兄弟鬼混，也会提前电话报备一声。

更有江湖传言，阿泽对现任女朋友好到失去了原则。

石头，是我的一个好朋友 W 的前男友，一看就觉得是特别忠厚老实的那种，跟 W 谈恋爱期间简直堪称“忠犬系男朋友”，对她呵护备至，有求必应。

也正因为这样，W 放弃了在上海的高薪工作，跑到石头所在的城市重新打拼。结果一年后石头居然劈腿了，对象竟然是公司同部门的一个实习生。

这剧情真是出人意料。也许，浪子之所以浪荡不羁是因为还没有遇到他的情感终结者；也许，老实人之所以老实忠厚，是因为还没有机会和资本去浪荡。

人是极为复杂的感性生物，一个人过去感情履历的参考价值，根

本比不上信用卡的还款记录。因为，一个人前任数量的多寡，与一个人对待感情忠诚度的高低根本不能成正比。浪子可能会变专一，老实人也可能会变花心。

以前，我也总以为世界上最幸福的爱情模式是“一生一世一双人”，以为遇见的那个人，就会是最后的那个人，两个人相遇、相知、相爱、结婚、生子……共度余生。可生活总会有变数，人生总会有悲欢离合，相爱的人不一定合适，合适的人又未必能在一起。

你不会知道，一个人一生只爱一个人，需要多大的运气。

如果谈恋爱的时候，真的要在对方过去的情感履历里找一些参考，那么，你的现任上一段感情持续了多久，你的现任跟前任分手的原因，似乎更有参考意义。

当你抛出这样的问题时，不论对方有没有回答，不论对方给出怎样的答案，都不要预设一个问题的答案去问问题，那样的你是不会得到有意义的答案的。

因为在感情的世界里，不能有太多的计较。那样，你会爱得有防备，爱得很辛苦。

所以，如果小曦跑来问我对这件事的态度，我会对她说：两个人只要是真心相爱，对方谈过几次恋爱，有过多少个前任有什么关系呢？毕竟，你才是现在的唯一，不是吗？

最好的友情，
是你我可以舒适地做自己

生活中总有一些人会随着时光的推移变得无关紧要。
有些人你不想见，更加不敢见，
你害怕自己没有办法应对已经物是人非的尘封过往，
你害怕自己小心翼翼珍藏的回忆在对方那里搜寻不到一丝一毫的痕迹。

有情人变陌路，好朋友变疏离，
仿佛在这个光怪陆离的人间，
谈永恒是一件极为可笑的事情。

//

01/

老刘是我们那届的学生会主席，学院里的风云人物。

毕业后，他进了杭州的一家外贸公司，不久便跳槽到一家新公司，升职为总经理助理。2012 年 9 月被外派到非洲，随老板一起开拓一个全新的项目。

当时，他所在的公司是一家中非合资的贸易公司，在远离城市的一个幅员辽阔的牧场上。公司的基础设施很差，没有网线，搜索无线网络信号的过程犹如大海捞针，偶尔人品爆发地连接上网络，QQ 上国内好友的问候信息像是压迫许久的弹簧一样连番弹出，电脑便会毫无悬念地死机。有时工作需要，为了发一封邮件回国内，他不得不开车跑到几十公里外的城镇上找网络。

2012 年微信还没有流行，我们之间联络的唯一方式就是电子邮件。

他会写信告诉我非洲的风土人情，黑人兄弟大多单纯善良，容易相处，只是带了口音的英文听起来十分吃力。非洲也并不似想象中的那样，戈壁虽多，但也不是唯一。

他所在的地方属于热带草原气候，草木茂盛，雨水丰沛，在傍晚常常风起云涌，电闪雷鸣，大雨倾盆，雨后的空气总是清新得让人想翩然起舞。

刚到那边的时候，他常常半夜无眠，只好坐起来听雨声，脑子里总是冒出那一句“君问归期未有期，巴山夜雨涨秋池”，不由得想起国内的朋友，便给他们发信息，有的成功，有的失败，毕竟和国内时差有七个小时，收到并能及时回应的总是寥寥无几。

那里的牧场美丽而寂静，只是偶尔半夜响起几声枪响，会把他从梦中惊醒。

我会告诉他自己在上海的新生活，我刚来这里，举目无亲，孤单无助，下班后除了回住处，好像都没有别的地方可以去，更别说什么娱乐活动了。

工作日我最喜欢午餐时间，大家坐在一起谈天说地。

公司里有一大半同事是上海人，他们说着我完全听不懂的上海话，言笑晏晏，而我总是一脸茫然，默默地吃完眼前的盒饭，语言的障碍造就的是一种格格不入的疏离感。

有时我甚至会想，他们还不如说英语呢，好歹那样我能听懂。

三个月后，我认识了新的朋友，也适应了广告公司的快节奏，日子才变得忙碌起来。广告公司好玩的地方在于，每接触一个全新的品牌，就像是开启了一段全新的旅途，一路上充满了新鲜和刺激，倒是很合适我这种心情像天气一样阴晴不定的人。

很长一段时间，我们通过邮件，絮絮叨叨着毕业后各自的生活和际遇，把不敢展现给别人的脆弱和矫情一览无余地展现给彼此。我们都在陌生的地方，过着各自的生活，同时，又为各自的得意与失意打气，为各自的梦想执着。

02/

不记得是写到第几封信的时候，我跟老刘突然断联了。

他的 QQ 头像一直是暗灰色，人人网上也杳无音信。QQ 上再次联络，已经是 2014 年下半年了，这中间的两年时光，我们对彼此的生活一无所知。

毕业后，我们一直没有见过面，一直隔着千山万水，用虚拟的网络连接彼此。

直到去年公司在北京有一个项目，作为项目负责人的我被外派到北京几个月，全程跟进项目执行。到了北京后，我一直在忙项目的前期筹备，10 月底才抽出空来约老刘出来，一起吃饭叙旧。

了解我的朋友大多知道，如果对方不是很好的朋友，我是不会在久别之后，主动约出来见面叙旧的，因为我有顾虑。

生活中总有一些人会随着时光的推移变得无关紧要。可能其中有些人你不想见，更加不敢见，你害怕自己没有办法应对已经物是人非的尘封过往，你害怕自己小心翼翼珍藏的回忆在对方那里搜寻不到一丝一毫的痕迹。

有情人变陌路，好朋友变疏离，仿佛在这个光怪陆离的人间，谈永恒是一件极为可笑的事情。

只有那些最要好的朋友，在久别之后，我才敢约，才敢见面，只因为心里还藏着一份笃定。纵然时光无情，至少，你还是你，我还是我。即使，我不是我，你不是你，只要我们在一起的时候，你依然是我认识的那个你，我也依然是你认识的那个我。这样，就已经足够了。

所幸，我与老刘之间并没有见与不见的烦恼。

我们约了在三里屯的一家云南菜餐厅碰面。老刘穿了白色的衬衫，背了个胶片相机，远远就看见他挺拔的身影匆匆而来，近了才看见他留了小胡楂儿的干净笑脸。

“这么久不见，还是这么矮，你怎么不穿高跟鞋？”

“你忘了你个头儿一米八七了？在你面前，我穿不穿高跟鞋有区别吗？”

没错，这就是我们的开场白。

朋友间的相处方式千奇百怪。有些人的友谊是建立在互损中的，譬如老刘和我。还有些人的友谊是建立在谈天说地上的，也譬如我和老刘。

餐厅里人不多，只零星地坐了几桌客人，菜却上得很慢，似乎有意留足时间供我们聊天。

“如果我现在自拍的话，你会吐槽我吗？”

一般来说，跟陌生的朋友一起吃饭，我是绝对不好意思自拍的，害怕被别人吐槽。只有在熟悉的人面前才无所畏惧，所谓的询问只是象征性地问一下。

“不会，因为你自拍完了，还要帮我拍。我要拍侧脸。”

“我就知道。”

如果说自恋和自拍都是一种社会病，那么我跟老刘一定是病入膏肓了。

“记得帮我拍侧脸，我这个座位的光线，拍侧脸比较好看。”他又补充了一句。

“知道啦，相机给我。”

“等下，你取景和对焦都有问题啊，我示范给你看……”

说罢，他抢走了我手里的相机。

我不服气，故意揶揄他：“你一个钢铁直男，这么喜欢自拍真的好吗？”

“我这叫爱自拍，有态度！”

“你赢了。商家怎么不请你去代言？”

“等一下，你刚才修好的那张照片给我看看。”

他看着我戏谑道：“啧啧，皮肤变白了，脸也更立体了，原来这就是你眼中的自己。”

“拿过来，不给你看了，就知道你会说我。哪有那么夸张，我一般不修图的，只是习惯了在照片上加好看的滤镜。”

“你怕什么。难道，你忘了我眼中的我？”

这句话一下子逗乐我了，一般人还真理解不了这句话的奥妙。

嗯，是的，老刘的所有自拍照片都风骚得一塌糊涂，一会儿文艺，一会儿颓废，一会儿妖娆，搞得我经常怀疑这是不是我认识的那个人。

“你有没有发现自己现在讲话有很多语气词？”他突然冒出来这么一句。

“嗯，有吗？你这么一说，好像还真是，这样很奇怪是吗？那我以后注意。”

“不，多用一些语气词，能显得你温柔一点儿。”

“滚，你一天不损我会死是吧！”

“交男朋友了没？”

“没有啊。好像一直都没遇到特别喜欢的人。前阵子，有个男生想追我，不过态度并不明朗，我也没放在心上，后来勤快了一阵子，人就消失了，没什么感觉。”

“跟我想的差不多。你现在好像也很宅，只会让别人望尘莫及。有时释放下天性，会让人觉得更真实，更容易亲近。毕竟每个人都有最本真的天性，就是我们小时候那会儿的样子，掩饰不了的。”

“我不知道，我一直以为真的爱情是遇见了必会在劫难逃，是我非你不可那种。但现实里大家往往都喜欢做化学实验，跨越千山万水，阅人无数，把自己的感情放在不同的人身上实验，与A没有化学反应，那就试试B，与B没感觉，再换上C，很多人最终能走到一起，不是刻意为之的缘分，就是权衡过后的结果使然。而我总天真地以为自己还有选择的权利，总之，我不想做化学实验。”

“你没明白我的意思。男人对女人的第一直觉很重要，你习惯上来就把男人置于哥们儿的地位。一般来说，从一开始你就没戏了。如果我喜欢你，即使在中间的过程中，我们看似是一种哥们儿的状态，但那种感觉一定是不一样的。”

“所以你的意思是，如果身边有还不错的人，就应该放下自尊和矜持，主动一点儿。”

“对值得的人收敛你的高傲，那不叫放下自尊。如果对方对你也有感觉，他会懂你，会体会到你的用心的。而且，这个世界上压根就没有什么‘默默喜欢’，是火柴总归要燃烧的，除非你看走了眼，他只是个棉签。”

“火柴和棉签？这个比喻倒有点意思。我以前没像你这样想过，可是那种突然出现又突然消失的人，我也不会觉得可惜。感情哪里那么容易收放自如呢？真的能做到收放自如的感情，大概从一开始就没有真正投入过。别说我了，你呢？你女朋友呢？”

“前阵子分手了。她常常闹脾气，说我不在乎她，都不怎么陪她，只顾着自己的工作和不着调的梦想。我现在也确实定不下来……”

“你不是定不下来，你是心里装了太多事情，有太多目标和梦想还没有实现，你害怕被感情拴住，也怕自己辜负了人家姑娘最好的时光。所以，干脆分手，不去挽留。”

“你别像个神婆似的，一开口就猜个七七八八……”

“没办法，直觉太准了！”

03/

吃完饭，两个人慢吞吞地游荡在三里屯的街区里，边走边聊，边拍照。

有时，我们会从一身戎装的兵哥哥身边路过，只见他正气凛然地驻守在使馆前，我总是调皮地朝他敬个礼，老刘则惯性地拿起相机，调整镜头抓拍他感兴趣的画面。

之所以选择在三里屯碰面，是因为我一直情迷北方的秋天。

南方一年四季都是纵情肆意的绿意，即使是秋冬时节也难觅古诗中落叶萧索的离愁和忧伤。北方却不一样，只有在北方才能看到“半是萧索，半是欣荣”的满目金色。而北京秋天最美的角落，非三里屯使馆区的银杏大道莫属。

从三里屯最繁华喧嚣的路段北行，一旦过了东直门外大街，便自然生出一种僻静悠远之感，接着再走百步左右，就会遇见往两边延伸的东五街和西五街，秋日里最美的风景便扑面而来。

天空是纯净的蓝，明媚的阳光穿过金灿灿的银杏叶，好像只要将摊开的手掌握住，就能将这秋日的暖意圈在手心里。

地上随意散落的银杏叶，美得像是电影里精心设计的布景，害得我一路小心翼翼地避开每一片落叶，不忍心踩到它们，生怕破坏了这片寂静的美好。

突然响起的手机铃声划破秋的寂静，一看来电显示是老板，犹豫了几秒后，我还是接了电话：“啊……哦，好的，知道了，我马上回去处理。”

望了一眼身后的老刘：“项目那边临时有状况，我要回去处理一下。今天不好意思了。”

“不用那样看着我，你有事忙就先走好了。我留下，多拍几张三里屯的秋。”

"嗯……"

项目结束，回到上海，看他微信上发的状态，我才知道老刘那天原本也是要加班的，只是答应了带我逛逛，所以特地去找老大批了假期。在咨询公司工作的他，那阵子也一直是很忙的状态。我有点不好意思，给他发了一长串的信息，结果他只回了七个字："你不矫情会死吗？"

"嗯，会死。"

04/

有次我因为个人问题跟爸妈闹了很大的别扭，心情极度糟糕，于是把自己一个人关在昏暗的房间里，随手发了一条十分委婉的朋友圈，吐槽说：想被理解有多难？

三十秒后，琪连发了几条微信："人呢？在干吗呢？跟家里人不开心了？"

我回："你怎么知道？"

她说："我怎么会不知道，我还不了解你？"

我回："嗯，反正心情很差。"

她说："要不要出来走走？我还没睡，不过刚洗完澡，得换身衣服才能出门。"

那晚，琪站在冷风里陪我聊了很久。

我们的对话不能帮我解决任何实际的问题，但她如冬日阳光般出现，治愈了我那个夜晚的百般惆怅。

我能一五一十地告诉她发生争执的前因后果，把所有的矛盾和丑陋展现出来，不用藏着掖着，不用包装修饰。

有段时间，我辞了职还没找到新工作，加上旅游、换新房子花了很多钱，手头又紧张起来。跟飞打电话，聊到美妆护肤之类的话题，她随即给我推荐了一堆奢侈品。

我开玩笑说："最近穷成狗，暂时不乱买东西了。"

她听了，当即问我："是不是没钱花了？你需要多少？我给你转账吧。"

我说："我就随口说说，没要借钱，我有钱花。"

她说："那你要钱的时候说一声。"

我说："好。"

在这个时代，能在你困难时，能在觉察到你可能需要钱时，主动提出借钱给你的，都一定是真爱了吧。

我在阿飞面前，不用装小富婆，不用假装自己在大上海混得多好、多体面，可以跟她分享我的苦痛和困窘。而在三线城市工作的阿飞，也不用因惧怕被借钱而哭穷，假装过得很清苦。我们都太了解彼此，太知道要怎么跟对方相处了。

05/

我知道你有很多朋友，也知道你们的生活看起来都很热闹。似乎有很多人可以一起消磨时光，似乎有很多人可以肆意玩闹。可是，你的大部分朋友“兼容性”都很差，能闲聊八卦的，未必能谈人生理想；能喝酒吃肉的，未必能陪你长途跋涉；能陪你作天作地的，未必能陪你走过心里的曲折……

但一定有那么几个人，他们的兼容性极强，跟你的匹配度极高。

他们可能比你自己还要了解你，他们知道怎样相处让你最舒服。你在他们面前，开心就笑，难过就哭，想高冷就高冷，想疯就疯一会儿……多重人格自由切换，毫无障碍。

他们见过你最好的一面，也见过你最糟糕的一面。你可以不化妆就去见他们，不用担心他们会在聚会后把你的丑照发到朋友圈；你可以在心情不爽时，摆出一张臭脸，不用担心他们会因此不快。

你可以因工作放他们的鸽子，不用担心他们把这个记在心上，与你疏远；你可以在遭遇困难时，第一时间给他们打电话求助，不用担心被拒绝。

你可以在情绪压抑时，跟他们分享藏在心底的阴暗小秘密，不用担心他们会因此看低你，指责你，转身跟别人当笑话一样讲你的小秘密。

像这样，让你始终觉得舒服的朋友，才是真正的好朋友。在他们面前，无论何时何地，你都能舒适地做自己。

这样的朋友，更值得你去结交和珍惜。

你要穿着一身白衣，让阳光照进你

汹涌的时间洪流用力推搡着你往前走，
猛地把你推进光怪陆离的世俗深渊，
全然不顾你脸上的惶恐和心底的不安。

人生最伟大的样子，就是活成一场轮回。
我们先把自己从一张白纸变成一幅画，
再从一幅画变回一张白纸。

你要让阳光照进你，
而我想要住进你的身体里。

//

01/

我有个很要好的朋友，最近意志消沉，生物钟紊乱，微信上跟他聊天，他反应迟钝，总是一副心不在焉的样子。

前两天，我开玩笑地说："×××，等我赚到一笔巨款了，请你出去浪吧。"

他说："不用了，我浪不动了，不如归隐山林，归园田居。"

他说，以前也一直觉得自己是一个很正能量的人，虽然正能量这个词从文艺青年嘴里说出来，呆板又俗气。

他没有具体跟我聊是什么事情，只是说需要一些时间。

可能他在短短几个月的时间里遭遇了很多不好的事情，人生轨迹发生了新的改变，站在一个完全陌生的十字路口，未来看似有很多选择，却不知道该选择哪一条路走，也不知道选择了以后能不能到达他想去的远方。

我只希望他能快点振作起来，满怀期待地奔向一直渴望的远方。

02/

孤单和不安，像是一对亲密无间的双胞胎，如影随形地伴着你成长。我们越长大越孤单，越长大越不安，越长大烟火气越重，越长大离初心越远。

突然有一天，全世界都在对你说，你是个大人了，要像个大人一样不动声色地生活了。一直都不露声色的、汹涌的时间洪流用力推搡着你往前走，猛地把你推进光怪陆离的世俗深渊，全然不顾你脸上的惶恐和心底的不安。

好像所有的人都忘记了。忘记了，你从来没有一个人翻过崇山峻岭，露宿在人迹罕至的深林；忘记了，你从来没有一个人面对灯红酒绿，在觥筹交错中虚与委蛇；忘记了，你从来没有试过对着讨厌的人谈笑风生，轻松自如；忘记了，你从来没有试过对着明知是错的事情置身事外；忘记了，你从来没有试过用漠然的表情，击溃对面渴望求助的眼神。

你还做不到对这个瞬息万变又充满套路的世界应对自如，但你已经慢慢认识到，这是成长必须经历的考验，每一个人都是这样过来的。

生活原本就是人间烟火和一地鸡毛，谁也不能超然世外。你要学着一个人走未来的路，学着一个人为人处世，学着一个人打理生活，不畏山长水远，踽踽独行。

王小波在《黄金时代》里说："那一天我二十一岁，在我一生的黄金年代。我有好多奢望。我想爱，想吃，还想在一瞬间变成天山半明半暗的云。后来我才知道，生活就是个缓慢受锤的过程，人一天天老下去，奢望也一天天消失，最后变得像挨了锤的牛一样。可是我过二十一岁生日时没有预见到这一点。我觉得自己会永远生猛下去，什么也锤不了我。"

我今年二十七岁，我二十七岁的生日愿望是，永远活在王小波笔下的二十一岁。

希望有一天，我们足够强大，强大到任何时候都能冷静思考，有条不紊地处理问题；希望有一天，我们足够睿智，不再单纯地再用好与坏衡量世界，不再简单地用黑与白的思维方式去认知和切割世界；希望有一天，我们足够包容，包容不同的思维方式，包容不同的生存模式，尊重一路上遇见的每个人。

但我更希望，希望我们永远年轻，骄傲不妥协；永远生猛，勇敢不狂妄；可以单纯得像个不懂世事的小孩子，也可以聪明得像棵洞悉世事的智慧树。

03/

“你要坚强地留在岁月的岸上，那些沉重的、流离的和虚妄的，都让我一个人去经历吧。而你，只需要穿着你的一身白衣，让阳光照进你。你要明媚地笑着，等我满身风尘地回来认取。”

也许是我太矫情了吧，每次读到扎西拉姆·多多这首《少年，少年》的最后部分，都特别想哭，因为这几句，又窝心，又治愈，可能只有经历了一些人世沧桑的人才会懂。

因为，我的心里也一直住着一个白衣少年。

当然，这个白衣少年不是少女时代暗恋过的男生，而是我最欣赏的那一类人，虽有瑕疵，但心灵纯净。

那个刻在我心尖上的、纤尘不染的白衣少年，不费吹灰之力就霸占了很多关于美好的形容词。他纯粹，有着明朗的笑容，有着澄澈的瞳孔，有着挺拔的身姿，衣袂飘飘地在人世间行走。

他的逻辑很简单，他的世界也很简单。

因心灵通透，遂脚步轻盈……没有过重的物欲，没有多余的牵挂。

04/

为什么会这么迷恋那个白衣少年呢？

因为，他是住在另外一个星球上，我无法亲吻、拥抱的小王子；因为，他是我在这个星球上，用尽一生力气也够不到的明月皎皎；因为，他是在世俗挣扎里的我分裂出来的另一个人格，一个晶莹剔透、没被污染的我。

所以，少年啊，你一定要等着我，等着我回头去找你。

但现在不行！我还很好奇外面的花花世界。外面还有很多新奇的世界，我没有亲身去体验；外面还有很多心心念念的问题，我没有去找到答案。我的心智还不够健全，心胸还不够宽广，知识还很狭窄，眼界还不够开阔。

我要去生活，去体验。在世间行走，在人群里穿梭，在聚散离合中触摸喜怒哀乐，在生命消耗中，了却此生的期待和心愿。

与生命初遇时，我们每个人都是一张干净的白纸——没有颜色，没有画面，没有声音。之后，在时间的拉扯中不断成长，有了灿烂的颜色，有了变幻的画面，有了动听的声音，也不可避免地沾染了许多世俗的尘埃。

人生最伟大的样子，就是活成一场轮回。我们先把自己从一张白纸变成一幅画，再从一幅画变回一张白纸。所以，白衣少年，你一定要等我。

你要让阳光照进你，而我想要住进你的身体里，那才是我今生最渴望的宿命。

不要在回忆里找证据，都过期了

爱不是乍见之欢，而是久处不厌。
谈恋爱总有平淡期，
花点心思经历了平淡期的考验后，感情反而会更加深刻。

这辈子，你会遇见很多人，
也会爱上很多人，但每一次你只能爱一个。

专一，就是爱一个人的时候一心一意。

//

01/

她说，我也不知道要怎么形容了，那种感觉就好像你一直喜欢喝某种牌子的酒，可你看到酒单上新出了一种招牌酒，便忍不住要尝试。

彼时，我跟小萱坐在一家安静的酒吧里，她借用手中的酒来比喻感情上遇到的新困惑。

我说，我能理解，但是没有一种酒能让你不去期待新的酒。

林是小萱在一个主题放映活动上认识的。

《爱在黎明破晓前》是小萱很喜欢的一部电影，刚好有家咖啡馆周末“爱在三部曲”连映，她提前一周报了名，打算跟男朋友一起去看。

结果，男朋友公司临时加班，她只好一个人去了。刚坐下来的前三分钟里，她还在跟男朋友怄气，黑着脸给他发微信，说咖啡馆里有好几对情侣，怪他不能陪自己。

电影里，美国青年杰西和法国学生塞琳娜在开往奥地利的火车上一见钟情，他们一路上聊语言，聊婚姻，聊死亡……言笑晏晏。她投入剧情里后，之前的气也就消了。

第一部放映结束、中场休息时，她抱起了老板养的猫，逗它解闷。谁知才逗了它一小会儿，那猫咪就闹着要脱身。她一松手，猫咪立刻跳到了邻座的一个男生身上。小萱面无表情地用目光打量了那人一遍，心想，为什么猫咪好像更喜欢他的样子？

那人仿佛看穿了她的小心思，笑了一下说：“这只猫叫酸奶，有点傲娇，我经常来这家店，所以跟我更亲近些。”

哦，原来如此。

“你也喜欢刚才那部电影？”

“嗯，很喜欢，浪漫又平淡，看完觉得很幸福。”

因为搭乘同一条线路的地铁，散场后他们结伴同行，加了微信，偶尔会聊天。

02/

那之后，他们每聊一次天，小萱对林的好感就会又多一点儿。

林在她脑海里的形象越来越美好，他喜欢旅行，喜欢看电影……博学强识，品位不俗，甚至连随手发的几条朋友圈，都散发出一股清新的小资气息。

那天约会，她跟男朋友一起看电影。她坐在熟悉的咖啡馆，看着林之前坐的位子，于是林抱着猫咪逗弄的画面，一直在她的脑海里挥之不去。

幸好，当时看的是警匪片，一脸投入的男朋友并没有发现她的异常。可她自己却吓得不轻，想尽快理清楚这种感觉到底是什么，不然迟早会做出对不起男朋友的事情。

于是，她找我喝酒倾诉。

小萱跟我描述与林的初遇以及林这个人时，用了很多生动的形容词。

单凭这一点，我大概可以断定，与其说是倾诉，不如说是一种试探，她试图将我带入她的剧情里，站在她的立场上思考这个问题，好为自己的心猿意马找到一个比较合理的理由。

我问："除了那次看电影，你们私下里还见过吗？"

小萱犹豫了一下，说："没有，就那一次。"

我又问："你觉得自己喜欢他什么呢？"

她说，她不知道，林很优秀，与他聊天时，很难不被吸引……

"所以，你只是欣赏他，并不代表你喜欢他。女人很容易被有才华的男人吸引，但这种吸引要么是一时的荷尔蒙作用，要么是特定场合下的情愫升级，不能等同于爱情。这种吸引升级成爱情是需要条件发酵的，比如日久生情，比如心灵契合……"

"可我这段时间总会想起他，甚至幻想过，如果我们是男女朋友关系的话，我们会怎样相处。"

"那我问你，他有女朋友吗？"

"没有，我问过。"

"但是，你有男朋友！"

"我……"

"也许，你现在之所以有点迷恋林，是因为你们才见过一次，而他在与你交往中营造的氛围很好，难免造成你现在分不清现实与梦境。但你忘了，你们从来没有切实相处过，你对他的喜欢，就好像你对那些精致橱窗里的奢侈品的喜欢一样，因为还没有到手，因为大家都喜欢，所以一时难以拒绝，而不是你真的就有多喜欢。他对你的吸引，则像是酒单上更新的招牌酒，你还没尝试过，非常好奇，在伸手可及的诱惑面前，心里自然是蠢蠢欲动。可一旦这酒点了单，上了桌，你就会发现，原来不过如此，并没有想象中那般合你的口味。

"当然，也有可能，你跟他谈恋爱会比你跟现在的男朋友更合拍。但如果你想与他开始，也要先确定你对他不是贪图新鲜，也要先跟现在的男朋友做一个了断，否则再节外生枝的话，对他们来说是不公平的，对你自己则是不负责任。”

我一口气说完后，小萱突然不说话了。

良久，她才缓缓说，其实也没想过要怎么样，只是女生都会有浪漫情结，在喜欢的电影陪衬下，遇上了有好感又很聊得来的人。要说她一点儿杂念没有，那是骗人的，男朋友最近几个月一直很忙，她大概也是觉得受了冷落，才胡思乱想起来，但绝不会背叛男朋友的。

03/

Lee 谈过三次恋爱，劈过两次腿。

我每次听说他又换了新女朋友时，都会调侃几句：怎么又换了？上次聚会私下里不是还说这个会谈得久一点儿吗？

他说，每一段感情刚开始的感觉都很好，女朋友的类型也不同，漂亮的、可爱的、贤惠的……只是一旦过了新鲜期，就没什么感觉了。于是，不想回对方电话，眼睛又不自觉地往别的女性身上看。他可能得了一种想不停换女朋友的病。

我说：“你没有病，你只是贪心而已，典型的喜新厌旧心理。”

这种贪婪心理，不光男人有，女人也有。

贪心忘旧是人类的劣根性之一，我们都喜欢新鲜，都贪恋新鲜，都会在有机会尝试新鲜时跃跃欲试。所以，歌中才会唱道：得不到的永远在骚动。

世界那么大，一路上遇见的人那么多，新鲜的诱惑永远没有尽头。如果我们见一个爱一个，那这样的路什么时候才能走到头？那种劈腿后爱得死去活来，出轨后跟第三者结婚、甜蜜恩爱的案例也有，但都只是少得可怜的个案，不具备普遍的参考意义。

劈腿的次数多了，腿再想并拢就很难了，哪里还有那么多皆大欢喜的圆满结局？

爱不是乍见之欢，而是久处不厌。

谈恋爱总有平淡期，花点心思经历了平淡期的考验后，感情反而会更加深厚。对于那些打着真爱的旗号出轨的人，我无意进行道德绑架，只想淡淡地奉劝一句：这辈子，你会遇见很多人，也会爱上很多人，但每一次你只能爱一个。

专一，就是爱一个人的时候一心一意。

我也不知道将来还会不会遇到更好喝的酒，我只知道，眼前这杯酒，是最合我口味和心意的酒，因为这酒里溶解了时光、记忆和爱。或许，这才是我们应有的爱情信仰。

所有的伤疤都会结痂，最终变成你的铠甲

这世上的人心，像是颜色各异的花，
可花色的变化有规律，人心的叵测却难以察觉。

我们活着的每一个瞬间，
都在刷新世界观和人性认知。
我们永远猜不到一个人可以好到什么程度，
也永远猜不到一个人可以坏到什么程度。

//

01/

婚礼现场，新郎用温柔的眼神看着沐青，一字一句地表达浓浓爱意，许下一生一世不离不弃的美好誓言。沐青的眼里泛着泪光，拿着新娘捧花的手微微有些颤抖。

彼时台下，沐青的亲友，多半低着头，目光紧盯着桌上的丰盛菜肴，狼吞虎咽。父母桌上，沐青的爸爸，脸上挂着难得的笑意，他身旁沐青的后妈，神情还是一如既往地冷淡。

我很清楚，到场的这些亲友，除了几个十分亲近的同学，没有

几个是真的去祝福台上这对新人的。台上的温情入不了他们的眼，他们只想着如何把礼钱吃回来。

婚礼前一晚，我跟沐青谈心。

我问她，还恨不恨她爸爸。

她说，现在不恨了，恨是一件太过辛苦的事情。

以前她真的很恨自己的爸爸，他在她妈妈去世没多久，就另娶新人；他在跟后妈有了儿子后，就把沐青送到外婆家；他面对后妈对沐青的冷嘲热讽，竟然不闻不问；他在沐青中学时，永远缺席家长会……为此，她常常遭受别人同情的目光。她恨自己没成长在一个正常的家庭环境里，没有感受过应有的家庭温暖；她恨第一次高考失败后，差点被剥夺继续读书的机会……太多的恨意，曾经压得她喘不过气来。

有次翻看家里的老照片，发现照片里的她几乎没笑过，那一刻她心疼自己。

但是，她已经没有力气再去恨了。

她一直对上天让她遇见云帆心存感激，是他给了自己不曾体会过的爱与温暖，是他让自己知道她也是值得被爱的，是他让她觉得人生还有很多值得期待的东西。

那些不堪回首的童年记忆，那些深夜里无数次绞痛的伤口都已经结了痂，都成了她的铠甲。

往后，她只想抱着一颗感恩的心，好好地生活下去。因为经历过不被爱，才会懂得被爱是一件多么幸福、多么值得珍惜的事情。她会好好地爱自己，会好好地爱云帆，会好好地爱别人……等她跟云帆有了孩子，她会好好地爱他们的孩子。

她终于有了一个自己的家，不用再颠沛流离。

沐青说这些话时，不疾不徐，目光柔和。

记得有一年，她被后妈刁难了好一阵子才拿到学费，从爸爸家出来后，她把钱包紧紧抱在怀里，一路走，一路哭。第二天到学校，两只眼睛肿得吓人。

那时，她的眼睛里满是恨意，她说她恨他们，总有一天会让他们还回来的。

现在，她终于都放下了，真好！

02/

如果说，沐青的故事是阴霾过后邂逅阳光的温情偶像剧，那瑶瑶过去三年多的经历，简直堪称都市狗血励志大戏。

瑶瑶，长在一个极度重男轻女的家庭。

家里原先是做生意的，十分富裕，她哥哥小时候过的完全是一种衣食无忧的富家少爷生活。但是生完她没多久，她爸做生意被人骗了，家境一落千丈。他爸因此认为她不祥，把生意失败归咎于她的出生，从小就对她很冷淡。她妈又是从农村嫁到上海的，重男轻女的思想已经深入骨髓，宠儿子能宠上天，对女儿却极端刻薄。

她哥哥从小就花钱如流水，不思进取，贪吃爱玩。

前几年结了婚，找了一个同样只喜欢吃喝玩乐的物质女。结婚时，两人名下有三套房子，按理说，一套自己住，另外两套租出去，加上双方又都是本地人，没什么生活压力，日子应该过得很舒服。

可偏偏这对小夫妻不是消停的人。两个人都不出去工作，每天的正经事就是吃喝玩乐。几年下来，把家里仅有的积蓄败光了不说，房子也只剩下自己住的那一套了。

而且，两人的信用度极差，都上了银行的黑名单。

通常干不出什么好事的人，坏点子也是特别多。她哥跟她嫂子私下里一盘算，可以用妹妹的身份资料去贷款。于是他们就让一向宠着儿子的妈妈出面了，单方面知会了瑶瑶，她连说不的机会都没有。

他们一共贷了十几万。一开始答应得好好的，她哥说后面会把自己住的房子卖掉还贷款。但是，钱到手后立刻反悔了。夫妻两个依旧每日挥霍，不去找工作，也不操心还款的事情。

瑶瑶开始陷入噩梦一样的生活，每天被各种催债电话轮番轰炸。

因为怕被人找上门，她特地换了新工作。

每次下班回家的途中，她都特别小心，生怕自己像电视剧里演的那样，突然被催债的人拖进一辆车里，然后不省人事。

十几万，她想想都怕。可他哥一副无所谓的样子，她爸妈心疼儿子，根本不过问这件事情。没办法，她只能自己想办法把欠的钱还上。

说起来轻松，但她只是一个刚毕业没多久的“90后”小姑娘，每月工资才三千多，还要给家里生活费，根本拿不出那么多钱。她只能拼命省钱，绞尽脑汁赚钱。

压力大的那阵子，她整夜整夜地失眠，卫生间地板上到处散落着她的头发。她这样的家庭环境和债务，吓到了她的男朋友，一度还跟她闹分手。

她绝望得像是活在一座孤岛上。

她从来不敢随便买衣服，化妆品一直用最便宜的；从来不参加朋友聚会，几乎没在外面吃过饭，即使偶尔出去吃，也是吃最便宜的路边摊。

你真的难以想象一个二十出头的小姑娘，过着这样物质匮乏的克制生活。那可是她最好的年纪、最好的时光，本应该被父母疼，被男朋友捧在手心里的，可她没有这些。

也许是上天眷顾，又也许是足够聪明，她发现了一个几乎零成本的赚钱方式，那就是拼命参与五花八门的线上抽奖活动，囤积赠品，然后挂到网上去卖。

她与别人不一样，她像是笃定会中奖一样，只依靠集赞和运气。而她的运气又出奇地好，几乎每次都会中奖。有次她和朋友一起参加一个活动，她朋友一个奖没抽中，她一下子中了五个。因为经常参与线上抽奖活动，她还认识了一些朋友，有些关系很好的，知道了她的遭遇，有时会把奖品让给她，让她拿去卖。

每个月发了工资，她做的第一件事情就是还款；每次卖东西的钱到账，她做的第一件事情也是还款。这样噩梦一样的高压生活，她过了三年多。终于，去年年底，她还清了所有的欠款，彻底解脱了。

她终于不用再活得像一具行尸走肉了；终于不用再活得像一个只会省钱和赚钱的机器了；终于能够摆脱哥哥带给她的灾难了；终于不用再每天活在恐惧之中了。

瑶瑶说，她不想感慨什么每一种命运降临都自有它的道理，她不相信这种含糊其辞的心灵鸡汤。她只知道，这次经历，让她看到自己能爆发出很强大的能量，可以很优秀，可以很坚强。她以后会离哥哥和嫂子远一点儿，有些命运的捉弄，体会一次就足够了。

她会用这个战斗力爆表的、劫后重生的智慧，去挑战一个更精彩的人生。

她会继续心存善良，但对人性持保留态度，必须反击时，绝不手软。

03/

这世上的人心，像是颜色各异的花，可花色的变化有规律，人心的叵测却难以察觉。

我们活着的每一个瞬间，都在刷新世界观和人性认知。我们永远猜不到一个人可以好到什么程度，也永远猜不到一个人可以坏到什么程度。

也许，很不幸，你遭遇过命运不公。

当然，你可以像古代的江湖人士一样快意泯恩仇，把这些糟糕经历产生的垃圾能量转化成养分，以此来滋养复仇的种子，企图策划一场血肉模糊的同归于尽。

可是，你别忘了，复仇的路往往比宽恕的路更加难走。我倒情愿你把那些糟糕的经历炼化成金属铠甲，穿在心脏外面抵御伤害。相信我，所有的伤疤都会结痂，最终变成你的铠甲。

一切折磨过你却没把你折磨致死的痛苦，都在升级你体内的防御系统。

把时间和钱给谁，就是成年人最直接的爱

两个对待金钱的价值观截然不同的人，
注定是走不到一起的。
很多东西别人给你，
是运气，看情况，有尺度；
自己随时有能力为喜欢的一切买单，
是实力，是踏实，更是自由。

//

01 /

阿杰在上海郊区的一所学校读研究生。

那天，他有点苦闷地喝着酒，吐槽了一句，穷学生其实不应该谈恋爱。

我问，为什么？

他说，穷学生本来就谈不起恋爱，在上海这座城市就更加艰难了。

他每个月家里给的生活费是 1500 元，一直吃食堂，一个月下来差不多 800—900 元，剩下的钱买书和水果就没了。谈了个女朋

友，两个人约会，一天差不多要花300—500元，还不算上平常送礼物什么的。

他一个月的生活费，还不够两个人花一周的。

我说：“按你这样算的话，对一个学生来说，谈恋爱成本确实有点高。而且你爸妈已经供你读书、负担生活费了，没道理连你交女朋友的开销也一并包揽的。”

他说：“是啊，自己的女朋友要自己养，所以我接了几份家教，还有一些其他的兼职工作，还好每月都有几千元的额外收入，不然真穷得连恋爱都谈不起了。”

我不当“学生党”很久了，在体会“谈恋爱有经济压力”这点上没什么切肤之痛。

于是我问阿杰，如果他女朋友愿意跟他实行AA制，平摊两人恋爱过程中的一切费用，他愿意吗？不论吃饭、逛街、看电影，全部都AA。

他深吸了一口气，有一瞬间的晃神，继而很坚定地说：“我不愿意。有这样的女朋友固然是省心省力，可这样的话一点儿成就感都没有，男人嘛，就该有点男人的样子，让女人掏钱算什么！”

虽然他这话有几分大男子主义，但那一刻他身上散发着责任感的光芒。

好朋友媛媛，跟男朋友刚谈恋爱那会儿，如果男朋友请她吃了饭，她一定会再回请一次，看电影或者喝咖啡，变相AA。当然，现在他们订婚了，经济上不会再算得那么清楚了。

另一个朋友思思也是，她比男朋友大两岁，职位更高、工资也更高，每次约会都会刻意挑那些环境不错，但性价比较高的餐厅，不会让男朋友的钱包为难。

她很明确地说，不想在彼此没确定之前，让两人有过多金钱上的牵扯，以后在一起了固然是好，要是分开了，万一双方因投入和回报不对等，造成不必要的麻烦就得不偿失了。虽然这种情况概率很低，可防患于未然总是好的，她才不想分手以后还为钱的事情互相纠缠不清。重点在于，她男朋友处在事业发展初期，她不想让他有压力，也不想降低自己日常的消费品质。

可能我身边的女性朋友对金钱的态度都比较理性，没有想过男生还会有没钱谈恋爱的苦恼。但那次之后，我又问了另外几个男性朋友，发现有这种苦恼的人还很多。

原来，恋爱中的开销对大部分男性来说，是一笔不小的开支，尤其是在北京、上海这种大城市，不是每个男性的钱包都能轻松负担两个人的风花雪月。

02/

小新最近交往了一个男朋友 Y，Y 是个富二代，平常花钱大手大脚的，对小新也很大方。他自觉承担了两个人约会的所有开销，遇上小新喜欢的衣服和鞋子，随手就刷卡买了。

按理说，有这样的男朋友应该是很多女生梦寐以求的，但小新开心的同时又觉得很有负担。她刚毕业没多久，收入并不高，Y 平时带她出入的餐厅和娱乐场所都远远超过了她的薪资水平，她想提出 AA，可又怕提出 AA 后对自己来说压力很大。他们刚恋爱，几乎每天都见面，可能 AA 一周，她一个月的工资就没了。

她把自己想跟男朋友 AA 的想法告诉了几个闺密，一大半人都骂她傻，说她是身在福中不知福，有人还开玩笑说，不介意多一个像 Y 这种自觉买单的男朋友。

她一会儿觉得女生应该经济独立，一会儿又觉得两个人在一起了就不该算得那么清楚，花男朋友的钱天经地义。她纠结了好久跑过来问我：谈恋爱时女生到底要不要买单？该不该 AA？

我跟她讲了我跟大学时的男朋友 Z 的故事。

我们两个刚在一起时，每次约会，我都坚持 AA，他特别受不了，说我们文艺青年就是喜欢作死，就没听过什么谈恋爱要 AA 的。我那样，特别伤他的自尊。

因为这个，我们还闹过几次不愉快。

之后，为了顾及他所谓的男人的尊严，约会时他买单，看电影就我买单。他今天送我这个礼物，我明天就想着送点别的礼物还他。这跟我从小到大接受的教育有关，我妈一直跟我说，女生要自尊自爱，吃人嘴软，拿人手短。我一直认为，这个世界上只有一个男人，我花他的钱是理所当然的，那个人就是我爸。

“那后来呢？”小新问。

“后来啊，我们分手了呗。谈了半年都不到，他觉得他特别受不了我，觉得我跟他算得太清楚了，觉得我根本就不爱他，说我的思想很奇怪。你说有意思吧？”

只是分手也没有想象中难过，可能我真的不爱他，也可能我的潜意识里觉得我跟他并不合适，他喜欢我要远远超过我喜欢他，那既然感情上已经亏欠了，经济上至少可以不让他投入太多的成本。

有了这个前车之鉴后，那以后谈恋爱，我就没有刻意地跟男朋友 AA 了，会在了解男生经济状况和恋爱价值观的前提下，酌情应对。也因此，琢磨出了自己的一套心得。

在一定前提下，尽可能地让男朋友买单。

如果男朋友的经济状况良好，并且平常的恋爱开销又不会造成他的经济压力，那就尽可能地让男生多买单。

在买单这件事情上，我跟很多男性聊过，发现不管男性的经济状况好坏，绝大部分的男性都很享受买单这种经济上占主导的优越感。

如果女朋友经常买单，他们会觉得奇怪、伤自尊，除非两个人的钱本来就放在一块儿花的。约会项目可以由男生买单，但个人用品坚持自己买单，礼物除外的约会项目就是指诸如吃饭、看电影、唱 K 等两个人一起消磨时光的日常娱乐，双方都是参与者。个人用品很好理解，就是指衣服、鞋子、包包、化妆品这类个人专属、女生单方面受益和使用的物品。

大部分男生都是普通人家的孩子，毕业最初的那几年也就固定工资那点收入，要是负担约会和女朋友的一切开销的话，对他们来说压力确实很大。加之现在大部分的女生都处于自我意识觉醒的阶段，特别舍得为自己花钱，也特别舍得在外形上投资自己，不管工资高低，大部分女生在买化妆品、衣服和包包上都不会亏待自己。

所以，真的不是每个男生都有能力去“养”一个女朋友的。

除非双方有约定，尽量别 AA，即使 AA 也圆融一些。

如果碰巧你是一个独立意识特别强的女生，认为 AA 制是一种文明的进步，那么恋爱时，可以在照顾男生自尊的情况下采取更为圆融的 AA 方式。

举个例子，如果男朋友今天刚送了你一个价值不菲的包包，你隔天立刻买了根价位相当的皮带还回去了，他可能会把这种行为理解为一种爱的反馈，从而心生感动，但更可能会理解成你在执行“一种均衡交易的相处模式”，从而产生反感。

你完全可以等一阵子，以出差为由，挑一份很特别的礼物送给他。

恋爱初期，你要弄清楚男朋友对于买单这件事情的看法。

你大可以在某次约会时跟男朋友说，最近有闺密因买单的事情跟男朋友吵架了，用这种虚拟场景来打探男生对于谈恋爱买单这件事情的看法。知道他的观点、态度后，再用默契保持行动上的一致就好了。

如果你觉得这样假借朋友之名的做法还是太明显，你就挑几次适合的机会，采取迂回AA的方式（他买了一个单，你就买另外一个单），试探他的反应，再根据他的反馈信息，及时调整你的约会买单模式就可以了。

如果碰巧你有一个多金、大方还喜欢买单的男朋友，你就笑纳吧。笑纳的唯一前提是每一次的买单都是男朋友主动的行为，而不是你暗示或要求的结果。如果你的男朋友就是很有钱，就是喜欢给你买衣服、鞋子和包包，别人要是因此站在道德的制高点上说你拜金的话，我只能说他们是羡慕嫉妒恨。

被喜欢的男人心甘情愿地“养”着，是很多女人的梦想，不然星爷在《喜剧之王》里对张柏芝说的那一句“我养你啊”，也不会感动那么多女生。

小心在钱上跟你算得过分清楚的男生。

相信我，如果说女生纠结谁买单更多是出于一种感性上的矫情的话，那男生计较谁买单一定是深思熟虑后的理性结果。如果一个男生，在为女朋友花钱这件事情上斤斤计较得很明显，那他多半不够喜欢这个女生。

我知道有一种男生，因为不知道女朋友喜欢什么色号的口红，就把丝芙兰里每个口红色号都买了一遍；我也知道有一种男生，因为女朋友一年花了两三千在护肤上，用的还是她自己的钱，都要说女朋友败家、不会过日子的。

遇到第一种男生，需要运气和魅力。

遇到第二种男生，请赶快远离。

如果你跟一个人在一起，连花自己赚的钱都不自由，那这恋爱还真不如不谈了。

闺密 F，月薪一万多，自己掏钱买个三四千的包包还要被男朋友念叨，果断分手了。她不光是生气男朋友干涉自己花钱的自由，更是觉得两个人对待金钱的态度不在一个频道上。在她眼里，赚钱本来就是为了追求高品质的生活，如果自己努力工作赚钱，花的时候还要苦哈哈的，那她拼命工作图什么啊。

两个人对待金钱的价值观截然不同，注定是走不到一起的。

最后，我希望每个女生都能遇到一个心甘情愿为你花钱、舍得为你花钱的男生，我更希望每个女生自己手里有钱，能负担得起自己喜欢的一切。

很多东西，别人给你，是运气，看情况，有尺度；自己随时有能力为喜欢的一切买单，是实力，是踏实，更是自由。

高跟鞋敲击地面的声响，是一个女生的笃定与骄傲

高跟鞋这把匕首，尖锐，锋利，
能轻易地踩在每个人的心尖上，
能所向披靡地刺穿每个人的心脏。

女人穿上高跟鞋后，
鞋跟敲击地面的声音越是清脆响亮，
就越是步伐自信，
这是一种随时释放的骄傲和笃定。
有时候，
你真的不能低估蓬勃物欲带来的横扫千军的动力。

//

01/

玛丽莲·梦露说过，她不知道是谁发明了高跟鞋，但所有的女人都应该感谢他，高跟鞋对她的事业有着极大的帮助。又尖又细的高跟鞋踩在硬邦邦的地板上，即使隔着墙壁都能听到走廊里刺激耳膜的回声，大脑更会自动生成一幅穿高跟鞋的美艳女郎走过来的画面。

这些，都是高跟鞋带来的神奇魅力。

高跟鞋最大的魅力在于，让脚背在视觉上成了小腿的一部分，使身高和腿长更接近美学上的黄金分割，让人看起来更苗条，更高挑，更有气场。而穿上高跟鞋后，不自觉地挺胸、收腹、提臀和控制步态，更增添了几分美人出场时的气质和美感。

几乎每个女生都有高跟鞋情结，几乎每个女生小时候都偷穿过妈妈的高跟鞋站在镜子前凹造型，我也不例外。但我不常穿过高跟鞋，因为穿高跟鞋也是需要资本的。

02/

有一年，我帮一个香港珠宝品牌做展会活动，当天为了维护公司形象，特地穿了一双 8 厘米的尖头细高跟。从早上 8 点多到晚上 7 点半，将近 11 个小时穿着高跟鞋忙前忙后，接待客户、帮忙布展、管理工作人员……

展会活动结束时，我的脚几乎废掉了，脚指头和脚掌都很痛，走出场馆的每一步都是一种折磨。我咬牙硬撑着走到上海世博展览馆出来的岔路口，却一直打不到出租车。

最后，我心一横，干脆把鞋子脱了，拎着鞋，赤脚往地铁站走，完全不在乎路上异样的眼光。我只知道，光着脚，踏踏实实地踩在地面上的感觉很舒服……

如果你一天工作的时间超过 8 小时，高跟鞋绝对是一种折磨。

CiCi 刚毕业那会儿，付不起市区昂贵的房租，只好把房子租在上海的偏远地段，上班单程时间就要一个多小时。偏偏公司人事对员工形象要求又很高，让女员工平时都尽量穿高跟鞋上班。为此，CiCi 遭遇过 N 种不同版本的尴尬。

下雨天，撑着伞，沿着路边走，为了避让迎面开过来的一辆小汽车，一不小心把鞋跟卡在了下水道井盖的缝隙里，路人见了都捂着嘴笑……最终，她红着脸，弯着腰，拔了老半天才终于把鞋跟给弄出来。

地铁到站时，身体被后面急着出站的汹涌人群挤出了地铁，鞋跟却卡在了地铁门的缝隙里，整个人呈现出一种半悬挂的尴尬状态。要不是有个好心的男生反应快，迅速弯下腰用力帮她把鞋跟拔出来，她就只能弃鞋而逃，光着一只脚去上班了。

当然，最轰轰烈烈的莫过于那次办公室“狗啃泥事件”。

刚做完一个项目的她，因表现出色被客户点名做结案汇报。

为了更好表现，她连续好几天加班做 PPT，一个人在会议室里排练。会议当天，她特地穿了平日里极少“临幸”的“恨天高”，搭配一身黑色职业女装，在 20 平方米的小会议室里金句连连，惹得客户频频点头。

原本打算完美谢幕的她，鞋跟一不小心勾到了投影仪的电线，咕咚一声摔倒在地，狼狈至极。

所有人傻眼之后都一下子克制不了笑意，而她的头顶像有一万只乌鸦在咆哮。

至于走路崴到脚，鞋跟卡到电梯里，在地铁上因紧急制动踩痛陌生人，被人翻白眼和挨骂，都是常有的事情。后来学聪明的她，常年备一双简约的尖头高跟鞋在办公室里，只在一些会议和见客户的重要场合拿出来穿。

上下班，她穿着平跟鞋走在汹涌人潮里。

有一天，她跟我感叹，高跟鞋需要有个富贵命的人去驾驭。

越是精致好看的高跟鞋，就越是需要天生富贵命，它只适合那种天天没什么事儿，也不用赶时间的千金小姐和阔太太。因为她们不用长时间站立，出门都有专车接送，就算脚踩十几厘米的高跟鞋，一天下来也不会特别累。我们这种小白领，天天踩着高跟鞋跑来跑去，简直就是自虐。

我完全同意她的观点。在上海这座号称魔都的城市里生活，每天长时间站立和步行，穿着好看的高跟鞋袅袅婷婷，几乎是一种幻想。

在穿高跟鞋这件事情上，理想和现实之间的反差，是一种巨大无比的刺激人奋斗的动力。是的，为了能优雅地穿高跟鞋，我们女生才这么努力。

努力地工作赚钱，是为了买得起质量更好、款式更好看的高跟鞋，好让自己的脚趾和脚掌享受更多的舒适，不用挤在廉价的高跟鞋里疼痛到窒息；努力地工作赚钱，是为了以后可以租甚至买靠近市中心的房子，不用每天上下班长时间挤公交或地铁，不用太过奔波劳累；努力地工作赚钱，是为了以后有更多的悠闲时光，可以穿着高跟鞋迈着优雅的脚步，不急不慢地行走，衣袂飘飘；努力地工作赚钱，是为了只凭一己之力就能拥有更高品质的生活，而不用向任何人低头谄媚。

鲁豫曾采访过一位杂志主编，当镜头扫过她家的豪华鞋柜时，大部分女生都被惊艳到了，那里存放着一百多双世界顶级品牌的高跟鞋，几乎所有你看过、听过的奢侈品牌的鞋子都在里面了。

那时我就想，也许在奋斗初期，就是凭着一种将所有好看的高跟鞋都收入家中鞋柜的想法，她才拼了命地加班工作，从中国音乐学院古筝班毕业后便一路狂奔，最终坐上了《时尚芭莎》总编辑、时尚集团总裁的位子。

女人穿上高跟鞋后，鞋跟敲击地面的声音越是清脆响亮，就越是步伐自信，这是一种随时释放的骄傲和笃定。

有时候，你真的不能低估蓬勃物欲带来的横扫千军的动力。

03/

高跟鞋的意大利文是 Stiletto，原指一种刀刃窄细的尖锐匕首。高跟鞋这把匕首，尖锐，锋利，能轻易地踩在每个人的心尖上，能所向披靡地刺穿每个人的心脏。

不同之处在于，对男人来说，高跟鞋意味着隐秘的性吸引力；对女人来说，高跟鞋则是一种权力和自我的象征。虽然穿上高跟鞋后，女性只是身高增加了几厘米的物理高度，但是，这种平地崛起产生的高高在上之感，给了她们把世界踩在脚下的野心和动力。

几乎每个女人都暗藏恋物癖的基因，她们有着把每一件漂亮的衣服和每一双名贵的高跟鞋领回家的强烈渴望，她们喜欢站在衣柜和鞋柜前，托腮凝思挑选哪件衣服和鞋子那种大权在握的满足感。

美剧《欲望都市》主角之一凯莉超级喜欢买鞋，她说，女人这条路并不好走，所以更需要一双好鞋。

我想，女人不只需要一双好鞋，更需要通过自己的努力，拥有一切视线范围内触手可及的美好的态度和魅力。

这才是我们应有的骄傲。

就算全世界都站出来反对你，你还有你自己

生命是父母给的，
但命运轨迹是可以由我们自己掌控的。
这世上，
只有一个人会为你坚持到底，那就是你自己。

就算全世界都站出来反对你，你还有你自己，
还可以分裂出另一个支持的灵魂，
发出一个响亮的声音。

//

01/

川川大三那年执意休学，下定决心后跟爸妈磨了很久，搬出了很多大道理，慷慨激昂的个人演讲以大吵一架而告终，气得他爸砸了最爱的茶杯。

川川大学修的是工商管理专业，家里托关系帮他物色好了工作，就等他领完毕业证就去报到。

他这一闹，事情就不这么完美了。一来，休学一年心玩野了，

很难顺利完成大四的学业；二来，一年的时间有太多的变数，安排好的工作很有可能被别人挤掉。

他爸见发脾气和理性分析局势都扭转不了川川的念头，就把反对策略改为经济制裁，说他要休学可以，但家里一分钱都不会给，看他还怎么在外面风花雪月。

他爸是这样想的，臭小子从小舒服日子过惯了，没钱还不寸步难行？

川川听了这话，心里偷着乐了半天。

心想，爸只要点头就好，钱不是问题，他自己还有一些存款，大不了吃住都省一点儿，一年不买衣服、鞋子和电子产品，不跟狐朋狗友出去玩。如果实在不行，还可以出去打工或者让朋友接济点儿。

他生在一个家境优渥的中产家庭，从小衣食无忧，从重点小学到“211”大学一路畅行无阻，人生履历一目了然，除了每年的几次例行全家游，他还从来没出过北京城。

他害怕就这样过一辈子，他很想出去看看，很想重新认识一下这个世界。哪怕这个决定会让他付出一些代价，也在所不惜。

小顾上个月瞒着爸妈，把姑父安排的一门亲事给拒绝了。

据说男方独子，家里是做园艺生意的，一年随随便便十几亿流水，生意好的时候翻倍，在县级市里也算是有名的大户人家了。那个男生以前在外省读书、工作，现在年纪到了，硬是被他爸五花大绑揪回来相亲、结婚，好继承家业。

那阵子，小顾整个家族都沸腾了。

虽说她家几代行医，在当地颇有些名望，她也是名牌大学毕业生，长相、身材、性格都不错，可在大多数人眼里，这门亲事，她算是高攀了。

爸妈轮流对她进行思想教育，甚至把人家男生约到家里来吃过几次饭，逼着她出去跟男生约会。一干亲戚一有时间，就以做客为由到她家，给她洗脑，说她是读书读傻了，女生心气不要太高，难得有一门这么好的亲事，摆完矜持的架势就应该立刻答应婚事，不要等到以后吃过苦，才懂得男方经济条件好的重要性。

每一次都弄得她哭笑不得，都是长辈，她有脾气也没处发，只能软抵抗。

实在没办法的她采取迂回策略，把男生约了出来，表明了自己的态度。

这一深入聊天才知道，男生有个前女友在国外，因为有移民的想法，家里死活不同意才逼着他们分手的，他也是受害者。但他是老来得子，从小父母宝贝得很，也不好直接忤逆他们的意思，怕伤了老两口的心。

这下好了，他俩干脆联手就把这门亲事给搅黄了，还因此成了朋友。

川川坐上高铁时，还不知道自己要什么，但他明确地知道自己不要什么，所以他坚持了自己最初的决定，拿着地图上路了，一路南下，先沿海后内地，先国内再国外。

他要像个游侠一样，周游四海，体验生活。他要去看看这个世界，美好的，肮脏的；他要去看看不同的人是怎么生活的，快乐的，痛苦的。他看不到将来，但他满怀希望。

至于小顾，从一开始就知道自己想要什么样的感情。她还没有轰轰烈烈地爱过，她不甘心像一个提线木偶一样，接受别人安排的婚事，她的另一半她要自己找。

而且，男方家庭条件那么好，是豪门大户的独子，她虽然脾气也算不错，可毕竟没吃过苦，也没受过委屈，不可能心甘情愿地给人家做小媳妇的。嫁个有钱人也许是很多姑娘的终极梦想，但不会是她的，她要的是实实在在的爱情，实实在在的琴瑟和鸣。

她的父母都很爱她，但是她觉得自己看得更为长远。就算将来，自己的日子会苦，这也是她自己的选择，怨不得任何人。

02/

小米二十几岁的人生里，有过两次违背父母心意的死磕。

一次是她高考填报志愿。原本她想跟初恋男朋友 GH 一起填报济南的高校。GH 成绩好，平常发挥比较稳定，打算报山东大学。

她呢，如果分数高就去山东师范大学，分数低就去济南大学，这样他们就能在同一座城市读书了。

可她父母坚决不同意，硬是让她报了曲阜师范大学。因为大学毕业后，即使再不济，她也能在当地一所不错的高中当老师。一个女生，当老师有寒暑假，很轻松，很舒服，将来再嫁到一个不错的人家，可以一辈子衣食无忧，这就是她父母为她规划的未来。

这样的未来看着阳光灿烂，但不是她心里想要的。

那个夏天，她甚至想到用绝食来反抗，可即使这样也没能改变父母的心意，只能一边哭，一边填志愿。而她最后的坚持就是，选了自己喜欢的心理学专业，而不是父母眼里实用性更强的生物、化学、英语之类的学科。

也因为那次的坚持，她跟她爸的关系闹得有点僵，她爸觉得她太有主见，不如小时候听话了，还用断生活费来威胁她。

第二次，是她毕业后决定到上海来发展。

她父母这次的反对比当年填报志愿时还要强烈，她爸更是放下狠话，讽刺她“心比天高，命比纸薄”，上海是什么地方？她拿什么来立足？将来有她哭的时候。

她哭着给她爸打电话，一边哭，一边控制自己，倔强地说：“有你这样的父亲是我的命，有我这样的女儿是你的命，我们各自认命，各自珍重。”

熬过了最黑暗的几年时光，现在的小米是自媒体红人，公众号上拥有几十万死忠粉，推送文章动辄几十、上百个赞赏，每天靠打赏都可以活得很滋润了，更别说还有广告和软文收入。

她还遇到了把她当小公主一样呵护的刘先生，他们经常在聚会时隔空秀恩爱，羡煞一旁的单身狗。现在，两个人领了证，在上海买了房子、安了家，生活一片风生水起。

父母也认可了她当年的“自作主张”，她爸也开始了秀女儿的生活。

都说“岁月静好”，可她知道，如果自己当初没有为自己坚持；如果当初做了决定以后没有拼命努力；如果没有在遭遇挫折时咬着牙坚持，就不会有今天的她。

成长的道路上，努力一直很重要，但是相信自己的选择并且坚持到底更重要。

03/

“90后”这一代，从一开始就很有想法，很有主见，敢想敢做。大部分“90后”跟父母之间都存在着难以逾越的代沟，尤其是在涉及人生重大决定的时候，很难彼此说服，彼此理解，经常会因此爆发规模不等的家庭战争。

“90后”跟父母的互相不理解是一种客观存在，这种客观存在可能会随着时间推移和彼此的努力有所改善，也有可能因处理不当愈演愈烈。不管怎样，有几点应该牢记心中：一、在观念产生分歧时，尽量平心静气地沟通、解释，以促成某种共识；二、如果父母真的不能理解和认同我们的想法和做法，那也尽量用和平的方式去实践自己的计划，尽量不要太伤父母的心；三、如果你坚持自己在某件事情上的选择是对的，那就请你为自己坚持到底。

生命是父母给的，但命运轨迹是可以由我们自己掌控的。

这世上，只有一个人会为你坚持到底，那就是你自己。就算全世界都站出来反对你，你还有你自己，还可以分裂出另一个支持的灵魂，发出一个响亮的声音。

夏天的事情，要在夏天结束

岁月极美，在于它必然的流逝。
一样的人，总会越走越近。
不一样的人，就算用尽一生力气，
费尽一生心思，也是枉然。
有人把诗写在梦里，有人把酒喝进心里。
有人把歌唱进骨髓，有人把心放在别处。

//

01/

那天跟一个朋友聊天，他说，夏天的事情要在夏天结束。

“总觉得秋天以后就会有很多事情发生，要不然为什么叫‘多事之秋’？‘秋’有‘时期’的意思，古时兴兵打仗多在秋天，所以常用‘多事之秋’来形容事情或变故多发的时期。我猜，这跟古代农耕文明的大环境下‘民以食为天’有关，等到秋收顺利完成了再打仗，即使战败，也还有充足的粮食可以挨过冬日的严寒。”

他说这话时，语气里有几分“王家卫式”的文艺忧郁。

如果我在那时纠正他的用词不当，他一定会对我“强迫症式”的咬文嚼字无语。所以我半开玩笑地说：“你长得帅，你说什么都对。”

旧词新用，其实蛮有意思的。

“多事之秋”的“秋”，为什么不可以是秋天的秋呢？

02/

那次，老刘跟小野在闸北的一家咖啡厅里直播手绘，我也过去凑热闹了。

小野玩手绘有些时间了，他挥笔时的行云流水和对色彩的细腻把握是我难以企及的。他直播手绘展现的是技法，我只是一时兴起。他画了一张很好看的鸟，是粉丝定制的图案，我则画了一只鹿，也就是微博红人“尖峰视界”原创的那只鹿。

有意思的事情还在后面。

当我画好轮廓，又用纺织染料上完色，把作品完整地展示在老刘面前时，他吓了一跳。我以为他会批判我的简陋画功和奇怪配色。

谁知，他沉吟了一会儿说：“我没想到，现在的你，这么理智。”

我不解，忙问：“为什么？你怎么看出来的？”

他说：“你看，大脑的这部分你居然用的是蓝色，而且中心区域的蓝还加重了色彩，我一直觉得你挺感性的，没想到你这么理性。”

好像有那么一点儿道理。

现在的我，真的比两三年前理性了很多。

我会在难过、糟糕的时候，硬逼自己站在一个旁观者的角度思考问题；我会在看穿别人的谎言时，不耗费太多精力计较这个结果，而是思考谎言背后的故事；我会在明知道自己被利用了时，在快速计算得失后，体谅对方的动机。

我开始有点欣赏眼前的这个自己了，终于有了点儿最想成为的人的样子，那种任何时候都可以云淡风轻的人，虽然这样的欣赏还不够纯粹。

一来，我这种程度的云淡风轻段位太低，不值一提，天生心思细腻的我，心里藏了的岂止是千千结；二来，过度理性的女生，并不是那么可爱。

有时，我会怀念那个扎着马尾、站在黑板前写下“我们”“永远”“好朋友”“十年之约”字样的笃定姑娘；有时，也会怀念那个看了某部感人影片，对着电脑屏幕哭得像失恋了一样的姑娘；有时，我会很怀念那个马路边上梧桐疏影下，一边走，一边开脑洞，笑得像个傻瓜一样的姑娘。

于是，这样，一边小心怀念，一边大步向前走。

因为，人总要长大。因为人的心，会越来越硬的。

03/

我的微博和公众号后台经常收到很多朋友发来的留言，大多是向我倾诉关于“女生友谊”之类的青春期独有的困惑。

谁和谁以前很好，突然就不联系了；谁答应谁一起去逛街，竟然放了谁的鸽子去了另一个谁的局；谁和谁又像是约定好了一样，一起使劲排挤谁；谁把谁一直当好朋友，谁怎么可以这样对谁……

也许，我该表现得像一个更合格的知心姐姐，耐心聆听，并且同仇敌忾。

但是，我真的做不到，这样的切肤之痛我不是没有过，只是早过了那个阶段。

“朋友”这个词的含义，远比大多数人想象的高贵。

这个世界上我们遇到的人太多，能成为朋友的人寥寥无几，好朋友就更是凤毛麟角。

我们跟大多数人成为所谓的“朋友”，不是因为我们有多么相似，有多少共同语言，价值观有多么匹配，只不过是特定的时间、空间把我们拉扯到了一个圈子里。一旦时间轴和空间轴发生了位移，这样特定环境成全的友谊会顷刻土崩瓦解，比如谈不上感情有多深的“同学朋友”，比如谈不上了解有多深刻的“同事朋友”。

我们只是在那些产生交集的时间里，碰巧身边也需要有个人聊天取暖，结伴吃饭，仅此而已。有些人相遇，注定了会分离，没什么好遗憾的。

一样的人，总会越走越近。

不一样的人，就算用尽一生力气，费尽一生心思，也是枉然。

真正的朋友，绝对不会两面三刀。

真正的朋友，即使遥遥相望，也心存默契。随身包里装的东西，贵精不贵多，留在身边的人也一样。聚散离合，本是常态。

04/

从春天到现在，陆陆续续发生了很多事。

几个一直有联络的朋友，都和我一样，中了一种叫“改变”的魔咒。

阿立，卖了心爱的小黄人摩托，又入手了一个蓝色“小妖精”，不但换了新工作，还谈了几次恋爱。

小花妹妹，分了手，转行做了设计师，开始了新的职业轨迹。

钱儿已经获得了签证，很快就可以如愿以偿地去德国留学了。

老刘消失了几个月，终于敲定了新的工作。

从小玩到大的好朋友，此时已经孕味十足。

中学时的另一个好朋友，刚刚生完了二胎。

小雯，遭遇了一些事情后，开始用一个全新的角度看待生活和自己。

而我，搬了两次家，换了两次工作，剪短了我的头发，也剪断了牵挂。

一直没勇气说出口的是，去年喜欢过一个人。有甜蜜，有苦涩，有浪漫，有谎言，有温暖，有寒心……

几经跌宕，终于都烟消云散。从今往后，山高路远，各自安好。

我不知道明年的自己会在哪里，会做些什么，会和谁一起。我只希望，那是自己喜欢的方向，那是发自内心做出的选择。

05/

夏天过去了，上海又下雨了。

而我，从一个绵长的梦境里醒过来，一圈又一圈的年轮，一波又一波的变数。

所幸，人生总有周而复始的希望和手摘星辰的美好。

当有一天，你我都能活得像一个生命的旁观者，那留白里的画面一定别开生面。

我开始讨厌我自己，也开始越来越喜欢我自己。

因为我终于学会发自内心地接受自己，并爱自己。

认可自己的好，也认可自己的坏。
接受自己的美，也接受自己的丑。

06/

前几天，有个人问我，关于夏天最不舍的是什么。
于是，我写了下面的句子，希望你们也会喜欢：

冰激凌的味道，萤火虫的尾巴，
淡淡的烟草，27℃的被子，
无解的拥抱，潮湿的吻痕。
有人把诗写在梦里，有人把酒喝进心里。
有人把歌唱进骨髓，有人把心放在别处。
再见，一整个夏天的星光。

图书在版编目（CIP）数据

这仅有一次的人生，我不想说抱歉 / 林夏萨摩著
. -- 北京：新世界出版社，2022. 10
ISBN 978-7-5104-7532-0

Ⅰ. ①这… Ⅱ. ①林… Ⅲ. ①成功心理－通俗读物
Ⅳ. ① B848.4-49

中国版本图书馆 CIP 数据核字（2022）第 166313 号

这仅有一次的人生，我不想说抱歉

作　　者：林夏萨摩
责任编辑：丁　鼎
责任校对：宣　慧
责任印制：王宝根　苏爱玲
出　　版：新世界出版社
网　　址：http://www.nwp.com.cn
社　　址：北京西城区百万庄大街 24 号（100037）
发 行 部：（010）6899 5968（电话）　（010）6899 0635（电话）
总 编 室：（010）6899 5424（电话）　（010）6832 6679（传真）
版 权 部：+8610 6899 6306（电话）nwpcd@sina.com（电邮）
印　　刷：辽宁虎驰科技传媒有限公司
经　　销：新华书店
开　　本：880mm × 1230mm　1/32　　尺寸：145mm × 210mm
字　　数：200 千字　　印张：8.25
版　　次：2022 年 10 月第 1 版　2022 年 10 月第 1 次印刷
书　　号：ISBN 978-7-5104-7532-0
定　　价：52.80 元